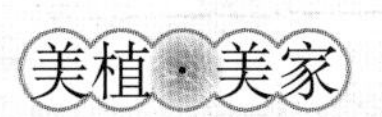

菖蒲盆景

种植养护艺术

文人案头清供雅玩

初舍
朱长虹　主编

中国农业出版社
农村读物出版社
北京

图书在版编目（CIP）数据

菖蒲盆景种植养护艺术 ：文人案头清供雅玩 / 初舍，朱长虹主编．— 北京 ：中国农业出版社，2021.10
（美植·美家）
ISBN 978-7-109-27734-2

Ⅰ．①菖… Ⅱ．①初… ②朱… Ⅲ．①盆景－观赏园艺 Ⅳ．①S688.1
中国版本图书馆CIP数据核字(2021)第005340号

菖蒲盆景种植养护艺术 ：文人案头清供雅玩
CHANGPU PENJING ZHONGZHI YANGHU YISHU：WENREN ANTOU QINGGONG YAWAN

中国农业出版社出版
地址：北京市朝阳区麦子店街18号楼
邮编：100125
策划编辑：黄　曦
责任编辑：黄　曦
责任校对：吴丽婷
印刷：北京中科印刷有限公司
版次：2021年10月第1版
印次：2021年10月北京第1次印刷
发行：新华书店北京发行所
开本：889mm×1194mm　1/16
印张：12
字数：250千
定价：68.00元

序·菖蒲之恋

丙申年四月十四，2016年的5月20日，是一个特别的日子，许多人琢磨着向真爱表白。于我而言，这只是我特别的恋人——蒲郎的生日……

爱上菖蒲，实属偶然。十几年前户外旅游，无意看到山林间一丛丛“青草”翠绿喜人，叶片却比小草厚实挺拔，簇拥溪水边，独有一番风骨……同行的医生朋友告知，这是菖蒲，只是《本草纲目》中记载的一味中草药而已。它在别人眼中只是一丛普通的小草，而我对这充满山野之气的植物却一见钟情。涉水攀石、采之回家，置于假山旁养植。一年四季竟绿意盎然，冬日积雪中也唯有它苍翠如故，令假山充满生机。父亲看见了惊讶地说：“这就是你爷爷种过的尧韭啊，他还用来制香咧！”

近年来，笔者因从业于艺术机构，与书画和艺术家接触较多，对传统文化有了更深的了解，才知道菖蒲不仅是香料、中草药，也是历代名家书画的描绘主角，更是文化底蕴深厚、观赏价值极高的盆景雅草，早在唐宋时期就已成为文人墨客的案头清供。

其实我自幼喜欢种花养草。我喜欢植物静静成长、彼此陪伴的感觉，也常常被其强大的生命力打动，为其开花结果倍感惊喜。人到中年，遇上菖蒲，在父辈影响下，爱草之心一发不可收拾，寻觅不同的品种、设计不同的造型，搭配树木山石、尝试各种器皿……沉浸在菖蒲种植和观赏的乐趣中，无法自拔。

星云大师说：我看花，花自缤纷；我见树，树自婆娑；我览境，境自去来；我观心，心自如如。一花一木都有生命，一山一水都有生机，一人一事都有道理，一举一动都有因果。

或许，爱上菖蒲，正是因其外形内在皆合吾意。当今世人喜欢菖蒲，也是因它符合都市中人的心境。那么，“寒泉自换菖蒲水，活火闲煎橄榄茶”，忙碌之余，让我们一起静心养蒲，养心、养性情……

草沐堂朱长虹

2020年5月20日

目录

序· 菖蒲之恋

上篇 菖蒲，穿越千年之爱

中篇 菖蒲 种植有诀窍

下篇 菖蒲雅集更有趣

上篇

菖蒲，穿越千年之爱

近年来，有一种小草突然进入公众视野，绿绿、密密的一丛，其风头迅速盖过兰花、多肉等植物，成为众人新宠、植物界网红。口口相传中，大家知道了这种小草叫菖蒲，青翠朴素，放置于书桌茶席上颇有味道；亦有许多人恍然大悟，这小草其实并不是"新面孔"，端午节门上悬挂的，用于驱虫驱邪的"灵草"，除了艾蒿也有菖蒲（菖蒲的一种，亦称水菖蒲、剑蒲），原来它早已在我们的生活中。

上篇 菖蒲，穿越千年之爱

一时间，大江南北，仿佛谁要是不认识菖蒲，没种一盆菖蒲，都不好意思说自己喜欢文化艺术。

武汉首届菖蒲文化周，曾有记者采访问及，菖蒲为什么成了植物界网红？菖蒲怎么就成了植物界网红了，默默生长的菖蒲不曾料到，默默植蒲的蒲友，也颇感诧异。

静下心来仔细想想，尘世间没有无缘无故的爱，也没有无缘无故的恨，菖蒲之所以瞬间万众瞩目，一是因为颜值高，无论是小巧儒气的金钱、还是飘逸秀美的虎须，甚至是剑拔弩张的水蒲，无一例外四季常青、绿意盎然，十分养眼！二是源于当今大众的情趣追求和价值取向，在紧张的工作之余，大家为了调适身心，更喜欢慢节奏的生活，喜欢大自然，由此也懂得欣赏菖蒲的安静古雅之美，希望返璞归真。三是菖蒲拔幽涧而生，日夜漱寒泉，隐喻文人士大夫的高洁人格，从古至今，此草与名人雅士有过太多的交集。

一、古代菖蒲趣闻

听闻这种草有着悠久历史，许多人都会惊讶不已，其实翻开各类书籍，古今的诗词歌赋、丹青画卷中均能觅得菖蒲的踪影。菖蒲岂止是当今植物界网红，千年以前就早已被我国的先民关注、吟诵、食用、种植，美名远播东南亚。

菖蒲最早的文字记录见于春秋时期的《诗经》里：彼泽之陂，有蒲与荷。而公元前300年左右的《吕氏春秋·遇合》记载：文王嗜昌蒲菹，孔子闻而服之，缩頞而食之，三年而后胜之。昌，通“菖”。先秦采菖蒲作菜。菖蒲根的腌制品，称菖蒲菹。菖蒲的食味不佳，所以孔子皱眉食之。

大家都很好奇孔子为何要吃菖蒲，仅仅是效仿文王？还是所谓的“食蒲托志”，以此寄寓其政治态度和人生理想。其实仔细看看《孝经》记载“菖蒲益聪”以及孔子在饮食方面的“八不食”原则，我们便会得知，孔子吃菖蒲，应该是为了养生。

另，《吕氏春秋·士容论》解释了菖蒲的名称由来：**冬至后五十七日，菖始生。菖者百草之先生者，于是始耕**。这样的描述也表示当时的菖蒲生长还是一种物候现象，成语“瞻蒲劝穑”，就是看见菖蒲初生，便督促农民及时耕种。

菖蒲古时亦称“尧韭”，《本草·菖蒲》载有，**“典术云：尧时天降精于庭为韭，感百阴之气为菖蒲，故曰：尧韭。方士隐为水剑，因叶形也”**。此处记载可以解释端午节悬挂菖蒲的缘由之一，端午节有五毒，须有五瑞降伏，方士认为蒲叶如剑可以斩千邪。

自古以来，不同的植物因其本身习性、形象的不同，往往被赋予不同的特质或“人格”魅力。菖蒲能够传承千年、生生不息，也源于其独特的生物属性和文化寓意。

菖蒲诗韵

菖蒲

（宋·张九成）

石盆养寒翠，六月如三冬。
勿云数寸碧，意若千丈松。
劲节凌孤竹，虬根蟠老龙。
傲霜滋正气，泣露法春容。
座有江湖趣，眼无尘土踪。
终朝澹相对，浣我磊魂胸。

1.屈原颂蒲愿荪美

战国时期，屈原（公元前340年—公元前278年）出生在楚国秭归，因遭贵族排挤毁谤，被先后流放至汉北和沅湘流域，无论其出生地还是流放的区域，皆为山川河流、草木茂盛之地。屈原在山水间看到苍翠挺拔的菖蒲，便倾心于这种刚柔并济的野草，于是在诗歌中反复吟诵，此时的菖蒲被称为“荪”。

屈原《九歌·湘君》中写道：“薜荔柏兮蕙绸，荪桡兮兰旌。”以湘夫人的语气写出久盼湘君，约见及寻找湘君的急切心情，乘坐的小船全部用香草装饰，用薜荔作帘、蕙草作帐，以菖蒲为桨、木兰为旌。这也是菖蒲作为香料的最早文字记录。

其《九歌·少司命》中又唱道：“秋兰兮麋芜，罗生兮堂下。绿叶兮素华，芳菲菲兮袭予。夫人兮自有美子，荪何以兮愁苦。”在《九章·抽思》中，屈原又再次提及，希望菖蒲美好的品德可以发扬光大：“兹历情以陈辞兮，荪详聋而不闻。固切人之不媚兮，众果以我为患。初吾所陈之耿著兮，岂至今其庸亡？何独乐斯之謇謇兮？愿荪美之可光。”

公元前278年秦国攻下楚国郢都，屈原在极度苦闷、完全绝望的心情下，于农历五月五日投汨罗江自尽了，我国的传统节日端午节，很多民众认为不仅仅是祈求农业丰收，也是为了纪念屈原。

吃粽子、往江中扔饭团，是为了避免投江的屈原遭受鱼群伤害，大门悬挂菖蒲，不仅是驱虫辟邪，也是为了纪念屈原的崇高气节，从明代诗人戴冠的《竞渡曲》中可以得知："**五月五日楚江晴，菖蒲叶绿江水清。楚人乘舟荡双桨，鸣金椎鼓鱼龙惊。屈原死去不复作，魂兮千古何萧索。年年空向江中招，薄暮归来风浪恶。君不见去年今日海子头，花帆锦缆黄龙舟。中流不戒成仓卒，万岁君王却悔游。**"

2010年6月16日（农历端午节），屈原祠搬迁重建后对外开放，"端午文化节暨海峡两岸屈原文化论坛"也隆重开幕，著名"乡愁"诗人余光中现场吟诵他创作的诗歌《秭归祭屈原》："**蒲剑抖擞，犹似你的气节；角黍峥嵘，岂非你的傲骨。**"一股浩然之气在心胸荡漾！

诗祭屈原，深情地表达了后人对屈原的崇高敬意；蒲喻气节，形象地体现了菖蒲高洁美好的人格精神。从此，菖蒲与伟大的爱国诗人结缘，从此，菖蒲与端午密不可分。

2.汉武帝食蒲求长寿

朝代更迭，但人类与菖蒲的缘分却延续了下来，到了汉代，《神农本草经》里对菖蒲的描述，是把其当成了一味良药，所述如下：**“主风寒湿痹，咳逆上气，开心孔，补五脏，通九窍，明耳目，出声音。久服轻身，不忘不迷或延年。”**“不忘不迷或延年”就是记忆好，不痴呆，还可以延长寿命，菖蒲真的可以延年益寿吗？相传汉武帝继周文王、孔子之后，再次以身试药。

汉武帝刘彻与秦始皇一样，登基以后一心幻想长生不老，永享人间的荣华富贵。据晋朝葛洪的《神仙传》记录，西汉元封二年（公元前109年）汉武帝带着董仲舒、东方朔等大臣上嵩山斋戒祭神，到了夜里梦见九嶷山仙人，仙人点拨，服食菖蒲可以延年益寿，汉武帝深信不疑，服食菖蒲两年之久，后来为了方便采集食用，汉武帝还将菖蒲移植于宫中，有南北朝时的《三辅黄图》（著者不详）记载：**汉武帝元鼎六年破南越，起扶荔宫以植所得奇草异树，有菖蒲百本。**这应该就是菖蒲人工种植的起源，汉武帝对菖蒲的推广可谓功不可没。

唐代诗人李白对汉武帝痴迷寻找长生之道的行为嗤之以鼻，曾写诗《嵩山采菖蒲者》讽刺汉武帝：“神仙多古貌，双耳下垂肩。嵩岳逢汉武，疑是九嶷仙。我来采菖蒲，服食可延年。言终忽不见，灭影入云烟。喻帝竟莫悟，终归茂陵田。”大意是汉武帝没有领悟神仙暗示，最终驾崩作古。但客观来讲，汉武帝听闻仙人指点服食了菖蒲，最终享年70岁。在两千多年前，在历代帝王中，70岁已算是高寿。

除了食蒲，南北朝《荆楚岁时记》还记载，古人还有洗菖蒲浴、喝菖蒲酒的习俗：五月五日谓之浴兰节，四民并蹋百草之戏……采艾以为人，悬门户上，以禳毒气，以菖蒲或镂或屑以泛酒。菖蒲有福兰俗称，菖蒲叶和兰叶也形似，“浴兰”是以菖蒲入浴，驱避溽暑带来的瘟疫。想来，古人在端午节对菖蒲的重视，既是对屈原的纪念，也源于菖蒲的药用价值。

菖蒲诗韵

送道士曾昭莹

（唐·沈麟）

南北东西事，人间会也无。
昔曾栖玉笥，今也返玄都。
雪片随天阔，泉声落石孤。
丹霄人有约，去采石菖蒲。

3.苏轼植蒲且徐行

秦、汉以后，宋、元时期是中国古代文化艺术的一个鼎盛时期，品茗、焚香、挂画、插花是民众的四般闲事，从皇帝到百姓都追求温文尔雅、闲情雅致的生活。这段时期，碧叶葱茏的菖蒲开始被大量人工种植并观赏，成为当时文人墨客书房的标配，也渐渐成为中国古人的精神之"药"。就连生病的范成大也念念不忘看菖蒲，其《病中绝句》云："**盆倾瓴建夜翻渠，绕屋蛙声一倍粗。想见西堂浑不睡，明朝踏湿看菖蒲。**"王安石、欧阳修也写下有关菖蒲的诗词，其中著名的文学家、书画家苏轼，不仅文化艺术成就斐然，菖蒲种植和赏玩也是颇有心得，后人非常推崇。

苏轼贬到黄州时为一闲职，为了生计便在城外东边开荒种地，由此自号东坡居士。即便生活如此艰苦，这位心宽的先生仍然跋山涉水，泛舟长江、凭吊赤壁，种菖蒲，写下了《念奴娇 赤壁怀古》等千古绝唱。

黄州（今湖北黄冈地区）地处大别山南麓，有山有水之处少不了菖蒲，苏轼在黄州采集菖蒲，种植菖蒲，写下了著名的《石菖蒲赞（并叙）》，从菖蒲的药理、分类方面进行了科普——**《本草》：菖蒲，味辛温无毒，开心，补五脏，通九窍，明耳目。久服轻身不忘，延年益心智，高志不老。注云：生石碛上概节者，良。生下湿地大根者，乃是昌阳，不可服。韩退之《进学解》云：訾医师以昌阳引年，欲进其稀苓。不知退之即以昌阳为菖蒲**

文中又写道：余游慈湖山中，得数本，以石盆养之，置舟中。间以文石，石英璀璨芬郁，意甚爱焉。顾恐陆行不能致也，乃以遗九江道士胡洞微，使善视之。余复过此，将问其安否。对于这盆菖蒲唯恐照顾不周，苏轼临行还特意委托给道士，并嘱咐妥善莳养，表示自己再来时还要看看是否安然无恙，料想胡道士手捧菖蒲一定压力巨大、惶恐不安。

文章最后总结——赞曰：清且泚，惟石与水。托于一器，养非其地。瘠而不死，夫孰知其理。不如此，何以辅五藏而坚发齿。菖蒲的生存条件如此艰苦，一生只与清水石头相伴，环境贫瘠却顽强生存，正是其成为养身良药的缘由，苏轼借此隐喻了中国文人士大夫的安贫乐道、坚韧有节的风骨气质。而后，宋元乃至明清，菖蒲一直被赋予高洁的人格精神。

苏轼后来贬至惠州，途径广州，前往白云山游览蒲涧寺，与住持德信和尚同赏佳景，溯溪寻蒲，书“飧蒲”二字，并赋诗两首，一首为《赠蒲涧长老》，另一首为《题广州蒲涧寺》：“不用山僧导我前，自寻云外出山泉。千章古木临无地，百尺飞涛泻漏天。昔日菖蒲方士宅，后来蘑菊祖师禅。如今只有花含笑，笑道秦王欲学仙。”

如今的白云山不仅有花含笑，蒲涧也仍然飞泉下泻、菖蒲丛生，当年苏轼提议修建的“自来水”工程，也在蒲涧留下了“东坡引水”的景观。

回望苏轼一生，其人生仕途几上几下、跌宕起伏，但坎坷的经历并未影响他“吟啸且徐行”。他一生豁达豪放、随遇而安，终身都在追求美好诗意的生活。东坡引水、苏堤晓月，都是老先生贬谪时期留下的。苏轼自27岁结缘菖蒲之后，采蒲植蒲，赏蒲颂蒲，留下了大量脍炙人口的诗文。

菖蒲诗韵

和子由记园中草木十一首

（宋·苏轼）

自我来关辅，南山得再游。
山中亦何有，草木媚深幽。
菖蒲人不识，生此乱石沟。
山高霜雪苦，苗叶不得抽。
下有千岁根，蹙缩如蟠虬。
长为鬼神守，德薄安敢偷。

4.陆游醉归犹记露菖蒲

进入南宋时期，宋孝宗即位，改革朝政，宋朝相对进入到一个兴盛时期，偏安江南的老百姓，大力发展贸易、农业、手工业，菖蒲自然还是陪伴在众多历史名人的书斋案头。菖蒲制作的盆景，既富诗意，又能寄情，清雅励志，当时的文人墨客常常以此作为礼物相互赠送。

朱熹曾写过一首诗（《谢吴公济菖蒲》）感谢吴公济赠送菖蒲："**翠羽纷披一尺长，带烟和雨过书堂。知君别有臞仙种，容易难教出洞房。**"辛弃疾、杨万里也曾写下有关菖蒲的诗词。当然，陆游的"菖蒲之恋"最甚，留下的菖蒲诗词最多。

陆游与菖蒲结缘应该与妻子唐琬有关。据史料记载，新婚妻子唐琬得了尿频症，陆游非常心疼，后一位精通医道的友人携石菖蒲等药前来，治好了病症。后来陆游赴四川、福州、江西等地任职参政，于山水间多次赋诗咏蒲，其《堂中以大盆渍白莲花石菖蒲翛然无复暑意睡起》云："**海东铜盆面五尺，中贮涧泉涵浅碧。岂惟冷浸玉芙蕖。青青菖蒲络奇石。长安火云行日车，此间暑气一点无。**"由此可知陆放翁当年将莲花和菖蒲共植于大铜盆中，并配以奇石，作为清供，置于堂中，成为赏心悦目、解暑纳凉的神器。饮茶书画之余，诗人与之相对，如同卧游深山清幽之境！

而陆游在《菖蒲》诗中所写，**“雁山菖蒲昆山石，陈叟持来慰幽寂”**，不仅可知宋人用白色的昆石搭配菖蒲，也可知当时菖蒲种植已经蔚然成风，并且陆游的朋友同乡皆知其喜爱菖蒲，故投其所好持蒲相赠。

《醉归》中：**夜分饮散酒家垆，归路迢迢月满湖。小竖窃言翁未醉，入门犹记露菖蒲**。借小竖（僮仆）之口，悄悄嘀咕陆游似醉非醉，如何摇摇晃晃回到家，却还记得看菖蒲。寥寥数语，陆游对菖蒲的喜爱与重视便溢于言表，夜晚醉归，路途遥远，却记得接饮露水、莳养菖蒲，此乃真爱无疑！

至于从**“古涧生菖蒲，根瘦节蹙密；仙人教我服，刀匕蠲百疾”**等两首《菖蒲》诗来看，陆放翁还有效仿古人、服食菖蒲的癖好，毕竟菖蒲治好了心爱的妻子的疾患，菖蒲成其养心养身的良药，也在情理之中。

菖蒲诗韵

菖　　蒲

（宋·陆游）

雁山菖蒲昆山石，陈叟持来慰幽寂。
寸根蹙密九节瘦，一拳突兀千金直。
清泉碧缶相发挥，高僧野人动颜色。
盆山苍然日在眼，此物一来俱扫迹。
根蟠叶茂看愈好，向来恨不相从早。
所嗟我亦饱风霜，养气无功日衰槁。

5.王象晋《群芳谱》里涉蒲趣

宋、元时期的风雅至今为人称颂，也有历史学家认为明代历经的二百多年里，亦是人才辈出，比如提倡"致知格物""知行合一"的王阳明先生，比如著名的白话小说《三国演义》《水浒传》和《西游记》。还有我们熟知的明代四大家：唐寅、仇英、文征明、沈周。

王象晋是明代的农学家，生于明嘉靖四十年（公元1561年），自称明农隐士，中年弃官立志从农，决心做一些有益于老百姓的事情。王象晋广泛阅读各种农经和花史，家中大约拥有近百亩田地，他把自己亲自种植的一小块园圃题名"涉趣园"，实验种植各类植物，并且进行详细的观察，与古籍中的记载加以对照，积累了大量宝贵资料，编写成了四十余万字的《群芳谱》。

王象晋在《群芳谱》菖蒲一节中，详细记录了自己种植菖蒲的细节："泉州者不可多备，苏州者种类极粗。盖菖蒲者木性，见土则粗，见石则细。苏州多植土中，但取其易活耳。法当于四月初旬收缉几许，不论粗细，用竹剪净剪，坚瓦敲屑，筛去粗头，淘去细垢，密密种实，深水蓄之，不令见日，半月后长成，粗叶剪去，秋初再剪一番，斯渐纤细。至年深月久，盘根错节，无尘埃、油腻相染，无日色相干，则自然稠密，自然细短。或曰，四月十四菖蒲生日，修剪根叶，无逾此时，宜积梅水渐滋养之。又有龙钱蒲，此种盘旋可爱，且变化无穷，缺水亦活。"

菖蒲诗韵

大堤曲

（唐·李贺）

妾家住横塘，红纱满桂香。
青云教绾头上髻，明月与作耳边珰。
莲风起，江畔春。大堤上，留北人。
郎食鲤鱼尾，妾食猩猩唇。
莫指襄阳道，绿浦归帆少。
今日菖蒲花，明朝枫树老。

继而又道：“乃若石菖蒲之为物，不假日色，不资寸土，不计春秋，愈久则愈密，愈瘠则愈细，可以适情，可以养性。书斋左右一有此君，便觉清趣潇洒，乌可以常品同之哉？”

王象晋在《群芳谱》中提到菖蒲种类及外形因不同地域而有别，对菖蒲种植的论述详尽而又务实，亦不失情趣，为后继植蒲爱好者提供了许多指导，至今仍然令众人津津乐道。

6.高濂《遵生八笺》谈菖蒲

高濂出生于1573年，年龄比王象晋小一轮，能诗文、好藏书、通医理、善养生，情趣多样，是明代著名的戏曲作家，撰写了大量的诗文散曲。其十九卷的《遵生八笺》讲述了通过修身养生来预防疾病、达到长寿的方法。书中如此记述其植蒲雅趣：**“山斋有昆石蒲草一具，载以白定划花水底，大盈一尺三四寸，制川石数十子，红白交错，青绿相间，日汲清泉养之，自谓斋中一宝。”**言语之中可看出其也是“资深”玩家，菖蒲种植搭配颇有章法。养生先养心，原来菖蒲的养生之用，在于体味种植过程中的乐趣，赏心悦目、颐养身心，这才是真正的养生之道。

菖蒲诗韵

求菖蒲于李叔翔

（宋・马廷鸾）

风饕雪虐岁峥嵘，
寸草寒窗独守馨。
长恐出山泉水浊，
尘埃到汝失青青。

其有诗云“书斋蒲石之供，夜则可收灯烟，晓取垂露润眼，此为至清具也。”描述菖蒲盆景不仅可以观赏，菖蒲还具有吸附空气中微尘的功能，可免灯烟熏眼之苦。高濂幼时患过眼疾，现在已无法考证是否是菖蒲露珠治愈的，但蒲露可以润眼，古书多有记载。

而“菖蒲欲其苗之苍翠蕃衍，非岁月不可。”说的是菖蒲之繁茂，离不开长时间的种植及植蒲人持久的呵护。

7.文震亨《长物志》里论四雅

文震亨是著名画家文征明的曾孙，他比高濂又晚出生十二年，其家藏书甚丰，长于诗文绘画，擅长园林设计，其十二卷的《长物志》为传世之作，他在《长物志》一书中写到：“花有四雅，兰花淡雅，菊花高雅，水仙素雅，菖蒲清雅。四雅当中，唯菖蒲能小隐于野、大隐于市，故被骚人墨客誉为‘天下第一雅’。”此乃菖蒲获此称谓之始，文震亨对四种花草言简意赅的总结，后人深以为然。

“乃若菖蒲九节，神仙所珍，见石则细，见土则粗，极难培养。吴人洗根浇水，竹剪修净，谓朝取叶间垂露，可以润眼，意极珍之。”文中所说“竹剪修净”，可见传统植蒲之道，古人真是细心到了极致，唯恐铁剪伤蒲，珍惜之情可见一斑。

又云：“余谓此宜以石子铺一小庭，遍种其上，雨过青翠，自然生香；若盆中栽植，列几案间，殊为无谓。此与蟠桃、双果之类，俱未敢随俗作好也。”审美标准往往因人而异，文震亨似乎更加推崇菖蒲地栽，但菖蒲确实是园林绿化中的常用植物，丛植于湖，塘岸边，或点缀于庭园草地和临水假山一隅，特别是北向阴凉处“遍种其上”，四季常绿的菖蒲定是“雨过青翠，自然生香”。

李时珍1578年写成的《本草纲目》，草部中对菖蒲释名：“昌阳、尧韭、水剑草。气味：（根）辛、温、无毒。主治：癫阐风疾，用菖蒲捣成末……用菖蒲根嚼汁，烧铁秤锤淬酒一杯饮服。”从宋、元、明、清留下的各类文献中可知，菖蒲的药用及香料价值已为先民所认同，菖蒲的种植方法、赏玩之道，在文人墨客的笔下业已达成共识。

菖蒲诗韵

九井

（宋・王安石）

沿崖涉涧三十里，高下荦确无人耕。
扪萝挽葛到山趾，仰见吹泻何峥嵘。
余声投林欲风雨，末势卷土犹溪阬。
飞虫凌兢走兽栗，霜雪夏落雷冬鸣。
野人往往见神物，鳞甲漠漠云随行。
我来立久无所得，空数石上菖蒲生。
中官系龙沉玉册，小吏磔狗浇银觥。
地形偶尔藏险怪，天意未必司阴晴。
山川在理有崩竭，丘壑自古相虚盈。
谁能保此千世后，天柱不折泉常倾。

8.东瀛爱蒲更痴狂

话说中国人喜欢老祖宗传下的好东西十分正常，出人意料的是菖蒲也为日本民众所追捧。日本在古代深受我国汉唐文化的熏陶，不管在朝廷制度、礼仪，还是服饰、茶道等各方面都有着浓厚的华夏元素。

菖蒲至少是在宋代就已传至日本，流行于日本镰仓幕府时代（公元1185—1333年）的五山文学中，有多篇咏颂盆养石菖蒲的诗文，1307年的《法然上人绘传》，第四十六卷中已有菖蒲图；日本京都相国寺鹿苑院历代荫凉轩主的公用日记《荫凉轩日录》中，室町幕府第八代将军足利义政颇爱盆玩，其中石菖蒲多有记载。

特别是日本宽政四年（公元1792年）前后尤多，如“宽政三年4月27日，收到附石小草12盆，其中有（鬼面足青瓷盆石菖，青瓷平盆石菖和古铜方盆石菖）等3件，由千秋刑部少辅和河原者管理，宽政四年5月22日千秋将这12件盆草带至御所装点”。在1976年岩佐亮二著的《盆栽文化史》中写到足利义政关于室内供养石菖蒲和砂石的要旨，在《东山殿御饰记》中有明确记载：“其盆草依中国古法，先将根洗净附石，使小石或砂植于盆中，以清水养之。”

不过是菖蒲盆景而已，品种、盆器、数量，几时收进，又何时搬走，统统记录在册，当时权力超越天皇的幕府将军竟如此看重，当时菖蒲在日本民众心中的地位就可想而知了。至江户末期，日本菖蒲玩赏之风达到鼎盛，溪斋英泉绘制的画中，可见一名身着和服的日本女子，正在欣赏菖蒲和金鱼。

大概是菖蒲的生物属性和人文气质非常符合日本人的审美标准吧，这种草喜阴耐寒、苍翠洁净、原始朴素，与日本推崇的侘寂之美也相吻合，故菖蒲在日本得到上下一致的重视，培育出了许多优良品种。2016年无锡举办的〝蒲草文心——中日韩国际菖蒲展〞中，有来自日本的上百年的老草，茸茸盛盛一大盆，实在是令人叹为观止！

在日本，早有过端午的习俗而且历史悠久。日本人将端午与人日、上巳、七夕和重阳等来自古代中国的节日称为〝五节句〞。有些地方还保持〝菖蒲汤节〞庆端午的传统习俗。朝鲜李朝世宗大王时代（公元1418—1450年）的名臣姜希颜所著的《菁川养花小录》中也有石菖蒲一节。

回顾历史，我们发现发源自中国的菖蒲文化影响力非常大，辐射了整个东亚和东南亚。采菖蒲、悬菖蒲，喝菖蒲酒、洗菖蒲浴，菖蒲早已风靡国内外。

朝迁世变。历史的步伐走进清朝。清朝文化艺术的发展成就，除了《红楼梦》和《聊斋志异》等经典著作之外，主要体现在书法绘画方面。

书画名家又集中出现在江浙一带，燕赵尚武，吴越尚文，江浙地区重视教育，有着浓厚的习文风气，另外江浙地区气候温和，土地肥沃、沟渠纵横，山地和丘陵占比较大，无论是人文历史还是自然条件，都为菖蒲文化的风行和传承准备了充足的条件。其中金农先生最为痴迷菖蒲，至今传为佳话。

1.金农打造九节菖蒲馆

金农（公元1687—1763年），历经清朝三代皇帝，书画家，为“扬州八怪之首”，偏爱菖蒲，曾以“九节菖蒲馆”为斋号，其书画诗词中屡见菖蒲身影。《金农集》里金农数次提到茅山，此地距离扬州很近，有山林溪流，正是菖蒲喜欢的地方，金农每次前来必定寻蒲采蒲，吟诗作赋，自得其乐。

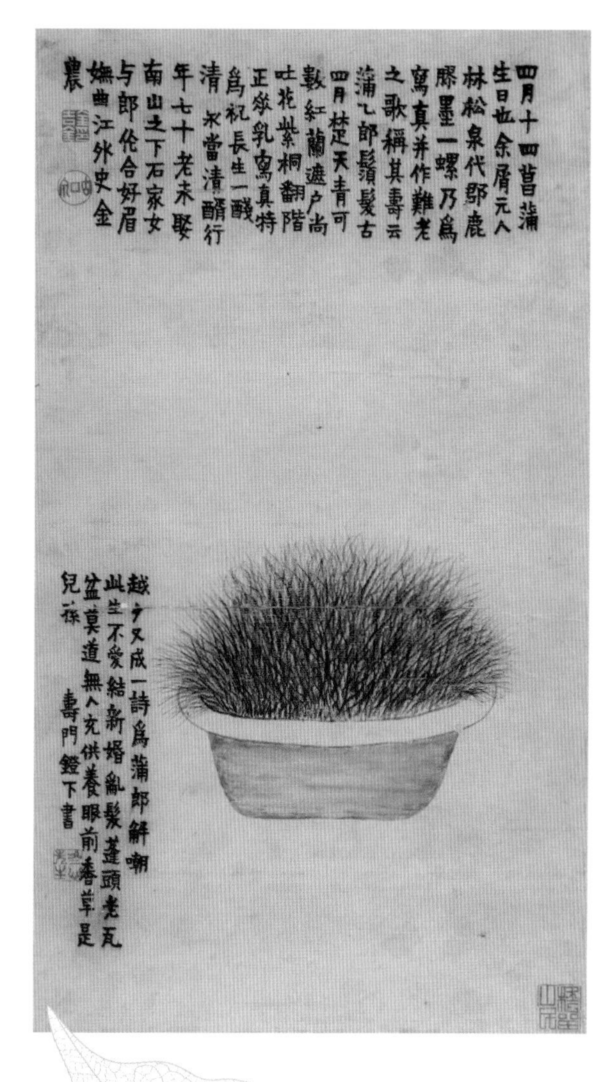

金农一生为菖蒲画像无数。菖蒲生日时他会作画一幅，谈到菖蒲开花他也颇有感慨：“**五年十年种法夸，白石清泉自一家，莫讶菖蒲花罕见，不逢知己不开花。**”其中金农的一幅绢本《菖蒲图》，2013年在嘉德春拍以80.5万元成交，画中三盆菖蒲古拙清雅，叶片短细密集，茸茸盛盛，画上以漆书题款：“**石女嫁得蒲家郎，朝朝饮水还休粮，曾享尧年千万寿，一生绿发五秋霜。**”金农此画构图平中有奇，比喻巧妙有趣，既展示了菖蒲之美，又体现了金农的绘画功底以及深厚的学养。

国人赋予菖蒲以人格化，把每年的农历四月十四日定为菖蒲的生日，“**四月十四，菖蒲生日，修剪根叶，积海水以滋养之，则青翠易生，尤堪清目**”。正由于菖蒲的特殊气质，加之具有较高的观赏价值，数千年来，这种清雅的观赏草一直是我国园林景观和盆景植物中重要的一个种类。

菖蒲诗韵

添盆中石菖蒲水仙花水

（宋·杨万里）

旧诗一读一番新，读罢昏然一欠伸。

无数盆花争诉渴，老夫却要作闲人。

2.吴昌硕绘菖蒲岁朝清供图

吴昌硕（公元1844—1927年），晚清至民国时期著名书画家、篆刻家，通诗、书、画、印，海派四大家之一，被誉为"石鼓篆书第一人""文人画最后的高峰"，在艺术上是传统与现代交汇点上坐标式的代表人物，是承古开今的艺术大师。

吴昌硕书画笔力雄浑，极富金石之气，梅、菊、石、蒲经常入其画，特别是他的岁朝清供图中，经常出现佛手、菊花、菖蒲的身影，既有清供意趣，又有吉祥平安、基业常青之意，用以迎岁、赠友，雅致应景。

吴昌硕的清供图中很少出现牡丹，他在《缶庐别存》中有一段话披露了其用意，文曰："己丑除夕，闭门守岁，呵冻作画自娱。凡岁朝图多画牡丹，以富贵名也。予穷居海上，一官如虱，富贵花必不相称，故写梅取有出世姿，写菊取有傲霜骨，读书短檠，我家长物也，此是缶庐中冷淡生活。"即便他后来经济状况大为改善，他的清供图中还是少有牡丹，倒是菖蒲、菊花频频出现，足见艺术家如蒲草般的高雅人格与画品。

同一时期，吴湖帆等文化名人也曾经绘制菖蒲清供图。郑板桥画竹石兰草，然其题画诗云："玉碗金盆徒自贵，只栽蒲草不栽兰"。任伯年的《端午图》，以直立的艾草、菖蒲为主要表现对象，以地面上摆放的枇杷、蒜头为辅。构图取新颖之姿，用笔用色讲究韵味和文人趣味。

菖蒲诗韵

山中酬人

（唐·张籍）

山中日暖春鸠鸣，
逐水看花任意行。
向晚归来石窗下，
菖蒲叶上见题名。

3.齐白石端午吉祥画菖蒲

齐白石（公元1864—1957年），祖籍安徽宿州砀山，生于湖南长沙府湘潭。原名纯芝，字渭青，号兰亭。后改名璜，字濒生，号白石、白石山翁。齐白石是近现代中国绘画大师，世界文化名人。早年曾为木工，后以卖画为生，五十七岁后定居北京。擅画花鸟、虫鱼、山水、人物，笔墨雄浑滋润，色彩浓艳明快。

齐白石所作《五日吉祥图》为端午节时令画，画中艾叶偏倚右侧，左侧菖蒲又称蒲剑，画中数笔，以花青写之，浓墨勾茎，不失“剑气”。简单几笔便微妙地表现出粽子的棱角转折，浓墨于笔画出棕绳，旁搭配造型简洁的酒壶、酒杯。菖蒲与艾蒿造型生动，雄黄酒杯与粽子笔墨简练，整幅图意境拙朴自然。

菖蒲诗韵

次韵瑀老窗间

（宋·李弥逊）

晴窗汲水养菖蒲，
谁识前身是佛图。
竟日不知园外事，
耳明钟鼓唤斋盂。

4.潘天寿的菖蒲与八哥

潘天寿（公元1897—1971年），字大颐，自署阿寿 、寿者。现代画家、教育家。浙江宁海人。潘天寿精于写意花鸟和山水，偶作人物。尤善画鹰、八哥、蔬果及松、梅等。此幅《菖蒲八哥图》构图清新苍秀，形能精简而意远；墨韵浓、重、焦、淡相渗叠，用笔凝炼、沉健，画面灵动 ，引人入胜，趣韵无穷。

1911年，辛亥革命爆发，清朝统治瓦解，随后建立中华民国。民国时期，民众热情追求民主与科学精神，这时期充满着动荡苦难，也充满着变革和奋争。

但民国时期也是一个大师云集的时代。鲁迅、齐白石、胡适、梁漱溟、刘文典、季羡林……每个名字都如雷贯耳！民国时期是中国历史上大动荡大转变的时期，菖蒲的命运可想而知。我们只能在艺术家的书画中看到菖蒲，在一些大师的旧照中寻找菖蒲的身影。

5.菖蒲艺术展与菖蒲书画

中华民族的伟大复兴，离不开文化自信与文化复兴，优秀的传统文化重新得到认同和尊崇，也因此，菖蒲重新回到人们视野，成为植物界网红。

2015年夏季，武汉403国际艺术中心举行创意市集，参与者多是80、90后，面对草沐堂展示的菖蒲，年轻人呼朋唤友前来观看，纷纷拍照惊呼："啊，这是什么草，真漂亮啊""我看到传说中的菖蒲了"

年轻人也懂得欣赏古老的菖蒲，着实令人意外和欣喜，但这应该归功于江浙地区未曾断代的养植文化，特别是多年种植菖蒲的"江南草圣"王大濛先生，当年他在无锡苏咖艺术馆举办了"大濛菖蒲艺术展"，通过新媒体的传播，迅速将菖蒲之美传递到了海内外，引起了不同年龄人群的广泛关注。2016年4月，武汉首届菖蒲文化周在汉阳造汉艺空间举行时，人头攒动、座无虚席，亦有蒲友从安徽、湖南赶来，一睹菖蒲风采，主办者感慨"一棵草的展览竟然可以盛况空前，这是一场'草民'的狂欢"。

2016年5月厦门首届菖蒲文化展开幕。

2016年6月"蒲草文心"中韩日国际菖蒲品种展，在无锡苏咖艺术馆举行。

2016年3月与10月，菖蒲两次在上海植物园隆重登台。

2017年，菖蒲不仅出现在苏州的艺术展上，还有安庆蒲友以赏蒲的方式欢度五一。

2018年，东北首届菖蒲展——"蒲色生香"雅集，在大连艺术馆启幕。

2019年5月，福州的菖蒲展已办到了第三届……

回顾这些年全国的菖蒲文化活动，菖蒲之热从南方蔓延至北方，真可谓此起彼伏。菖蒲似乎是一夜之间风靡全国。

一切都有点始料未及。

一切也合情合理，古老的菖蒲迅速融入当代生活。传统文化再次受到人们的热烈追捧。

书画作品体现了一个民族的审美情趣和文化意识。中国几千年的文化传承，国人对菖蒲的人文认知已经深入人心，上千年的制图描绘，菖蒲的形象更是丰富多彩，从唐代阎立本的《十八学士图》，到民国时期齐白石的《五日吉祥图》，以至当代钟孺乾的《何求登大雅》，不同的时期有不同的绘画风格，但无一不体现菖蒲丰富的文化内涵。

唐代阎立本的《十八学士图》中，描绘的是当时文人学士轻松愉悦的生活风情，在挥毫泼墨的场景里，我们在左下角的案桌上发现了菖蒲的身影，渣斗式的花盆中种着蓊郁的菖蒲。

1 钟孺乾国画《何求登大雅》

相比而言，明代唐寅临摹的《十八学士图》中，菖蒲仍在，只是变成了当时流行的"款式"——附石菖蒲。

中国画讲究以形写神、形神兼备、气韵生动、意境悠远。菖蒲作为颇具中国元素的绘画题材，当代画家亦有创作。许多书画家也是种植菖蒲的高手，他们细心照顾、日夜陪伴看菖蒲，饱含情感的笔墨，昭示着当代艺术家对菖蒲的喜爱与欣赏，也尽显菖蒲之清幽雅趣。

2 冷军《莳蒲养心》

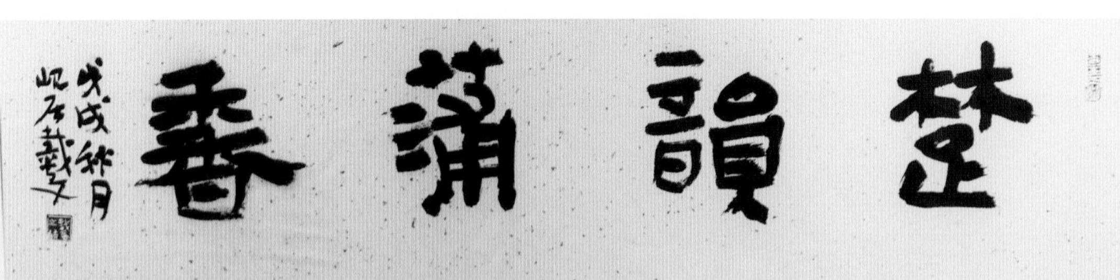

3 戴文《楚韵蒲香》

陈义《跟下尘土一点无》

吕墩墩《爱即呵护待此君必灵》

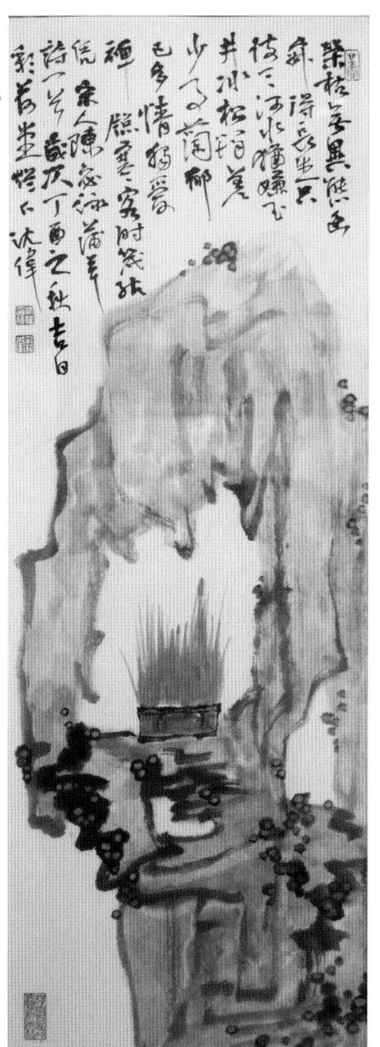

沈伟《荣枯无异态》

张箭《草草了事 绝非草草了事》

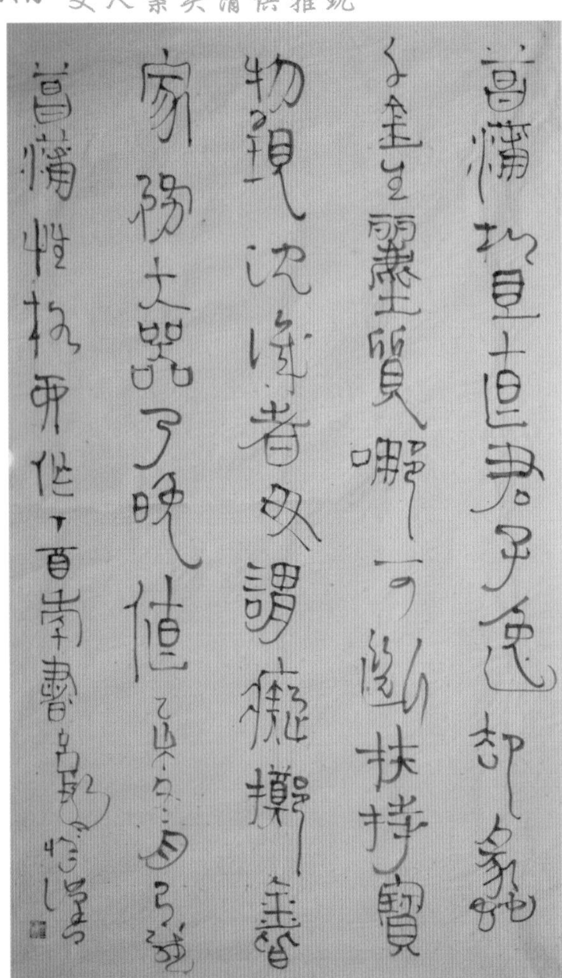

吕墩墩《菖蒲松且直》

扇面 桂晓华

李国俊《菖蒲图》

蒋志雄《蒲石无华》

桂晓华《云烟供养》

1 扇面 沈伟

菖蒲文化艺术，只是中国几千年文明脉络中非常非常微小的一支，仅仅是传统文化的一个缩影。我们通过菖蒲可以感受中国文化的源远流长，通过菖蒲可以窥见中国古人丰富的文化生活和内心世界，又通过古人留下

中篇

菖蒲种植有诀窍

一、菖蒲逐水而生

古人赏蒲有雅趣，植蒲有要领，当今世人亦有诀窍。但要想在城市里种好菖蒲，让菖蒲有较好的品相，首先还是要懂得菖蒲习性。任何花草的种植都应该从习性了解开始，喜阴还是喜阳，喜水还是喜欢干燥？根据花草习性，给它适当的照顾才可以使其花繁叶茂。

1.逐水流下溪——菖蒲习性及分布

菖蒲原产中国及日本，广布世界温带、亚热带。南北两半球的温带、亚热带都有分布，我国南北各地。特别是中国南方和中原的丘陵山林地带，剑蒲、石菖蒲沿溪水顽石繁茂生长，遍野皆是，只因地理气候差异，菖蒲的株型大小、叶片宽细有别。

菖蒲习性如何呢？看看它的原生环境，便可了然于胸。

旅游或者徒步野外时，山林间、溪水边，我们常常会与一丛丛菖蒲不期而遇，冷凉湿润的气候，阴湿的环境，水流潺潺的溪谷、弱酸性的土壤，都是菖蒲的最爱。其根茎具有气味，叶片薄而无柄，植株丛生耐寒，忌干旱。

菖蒲诗韵

采菖蒲

（宋·陈与义）

闲行涧底采菖蒲，千岁龙蛇抱石癯。
明朝却觅房州路，飞下山颠不要扶。

湖北、湖南分别位于洞庭湖的南北，两省都有雄伟的山势，奔流的河谷，石菖蒲广泛生长在山林之间。湖北神龙架、五峰山谷中长满菖蒲，大多株型矮小，叶片秀气宜人，而大别山黄冈地区的菖蒲则叶宽1厘米左右，往往长达四十厘米。湖北武汉的蔡甸区、黄陂区、新洲区等区域都有石菖蒲生长，古老的江夏区可谓三分青山、三分绿水、三分灵壤，不仅有许多关于山水的传奇，也有许多临水而居的菖蒲。

广州等地因常年高温、高湿，石菖蒲叶片宽至2厘米，长达50～60厘米，单丛直径可达1米。安徽黄山一带的菖蒲则叶片纤细、修长，飘逸。

江西区域野生虎须菖蒲较多，多为九节菖蒲。宋代王敬美云：**“菖蒲以九节为宝，以虎须为美，江西种为贵。”**江浙一带自然条件较好，苏杭、嘉兴等地人文气氛浓厚，人工种植历史悠久，菖蒲品种优良，造型别具一格。

贵州、广西等地，山高水长，生长的石菖蒲株型较大，气味浓郁，应为古书记载的“香蒲”一类，其味道类似茴香，当地人常常作为烹饪香料。湖南永州、陕西汉中等地也有大量野生香蒲，株型较小，可供案头种植观赏。

福建石菖蒲叶片宽厚悠长，而人工种植则是近年兴起，漳州地区花农大量种植各类菖蒲，目前互联网上出售的菖蒲大多来自此区域。也正是漳州菖蒲的大量培育，让菖蒲的普及度更高，菖蒲之好不再只是文人圈里的小众爱好。

无论是人工培育还是自然野生，在中国大部分地区，沼泽、溪间，还有水石之间，适合菖蒲生长习性的地域，稍加留意，就能看到品种及形态各异的菖蒲。

明代王象晋在《群芳谱》中记载：“一名昌阳，一名昌歜，一名尧韭，一名荪，一名水剑草，有数种。生于沼泽，蒲叶肥根，高二三尺者，泥菖也，名白菖；生于溪间，蒲叶瘦根，高二三尺者，水蒲也，名溪荪；生于水石之间，叶有剑脊，瘦根密节，高尺余者，石菖蒲也；养以沙石，愈剪愈细，高四五寸者，叶茸如韭者，亦石菖蒲也。”

菖蒲诗韵

遣怀绝句

（明·顾璘）

涧冷菖蒲翠，山春踯躅红。
草惊秋尽火，树厌夜深风。

泥菖蒲

2.石峰巉青菖蒲细——国内品种

菖蒲为天南星科、菖蒲属，《中国植物志》分类有七个品种，二个变种，水菖蒲、石菖蒲、金钱蒲、长苞菖蒲、茴香菖蒲、宽叶菖蒲、香叶菖蒲。二个变种为细根菖蒲（水菖蒲变种）、金边菖蒲（石菖蒲变种），因年代久远、地域差异、风俗习惯不同，实际生活中菖蒲的种类和别称都有重复和差异。

菖蒲诗韵

菖蒲

（明·解缙）

三尺青青古太阿，
舞风斩碎一川波。
长桥有影蛟龙惧，
流水无声昼夜磨。
两岸带烟生杀气，
五更弹雨和渔歌。
秋来只恐西风起，
销尽锋棱怎奈何。

米，此蒲为端午节与艾蒿一起悬挂在家门外的菖蒲，也是菖蒲家族中株型最大、叶片最长的一类。

（2）石菖蒲：古称“荪”“溪荪”，生长在溪水边、岩石上，根茎如蜈蚣一般抓附在石头上，古称石菖蒲，也称“石蜈蚣”，相传乃孔子、汉武帝服食的中草药。通常蒲叶长20～30厘米，叶宽0.3～0.7厘米。

（3）香菖蒲：古称“香苗”，也叫随手香，主要特征是叶片具有独特的茴香味，秦岭地区的香蒲形如石菖蒲，但贵州、广西等地香蒲叶片长达50厘米，叶宽1厘米，蒲友曾精心培育了香蒲一盆，经多年修剪，叶片只有20厘米长，叶宽0.3厘米，株型纤细优美、香味浓厚。

（4）虎须菖蒲：目前既有人工培育也有自然野生，虎须菖蒲龙根（草茎）不规则游走、生长，老蒲如漩，叶细如韭、犹如发须，通常叶片长为10～15厘米，叶宽0.1厘米，是野生菖蒲中最为纤细、柔美的。

石菖蒲

香菖蒲

虎须菖蒲

花边菖蒲

（5）花边菖蒲：根据叶边镶嵌颜色不同，分为金边和银边菖蒲，金边菖蒲也称金凤凰。花边菖蒲叶片长约20厘米，叶宽约0.3厘米，主要特征是菖蒲叶边镶嵌有黄线或白线。

（6）金钱菖蒲：顾名思义整体草形为圆形、如铜钱状，属于变异品种。为国内菖蒲品种里最为秀气的。叶片通常长5厘米，叶宽0.1厘米左右，叶茎短促，故叶片密集，滞水易腐。如果施肥较多，叶片徒长，长达10厘米，宽至0.3厘米，此时的菖蒲往往金钱不像金钱，虎须不像虎须。不同产地的品种。形态也不尽相同，如右下图所示，福建漳州的金钱菖蒲已经剪过两年，叶片仍然比较宽长，浙江嘉兴鸳湖金钱菖蒲则小巧叶细，差异较大。

1 金钱菖蒲

1 福建金钱菖蒲

国内菖蒲品种因为地域环境的区别，同样的品种外形也不见得一样，有的蒲友说留园金钱、诸城虎须等品种极佳，有人认为江西虎须才是最好，众说纷纭，各执一词，只是有一点为众人公认，无论什么品种，健康、生机勃勃的菖蒲才最为养眼。

国内菖蒲品种中，虎须及金钱等菖蒲比较秀气，适合室内陈设，花边、胧月、水蒲和石菖蒲生性粗放，适应能力强，无需特别管理，便可繁茂生长、四季常绿，而且很少有病虫害发生，适合户外湿润、阴凉处大量绿化种植，也是我国传统园林造景中池、湖沿岸不可或缺的植物。

菖蒲诗韵

青门引 菖蒲花

（明・高濂）

净几延清赏，把卷坐生闲爽。
曾闻九节解通灵，幽香绮石，自得同高尚。
枝黏玉屑花轻放。不是风尘相。
寄托林泉雅致，流水怜飘荡。

3.养教矮叶十分臞——国外品种

国外菖蒲种植以日本、韩国为主。江户末期，日本金太著的《草木奇品家雅见》一书，记载的菖蒲品种已达32种之多："斑叶类之白斑有正宗、白泷、天河、雪山、阴阳、翁、胧、残雪、昼夜；黄斑有虎卷、金鸡、山吹、黑龙。两根：黄金、金花山、虎髭、阳炎、姿镜、古锻冶。青叶类之两根有橹、养老、蝉小川、剑背、长生殿；片根有栖川、燕尾、诗仙堂、蒲葵道、韮、高丽、镰仓，湮没异化至今仅有十余种，有禅小川、有栖川、正宗、贵船苔、胧月、黄金姬、天鹅绒等。"

日韩现存品种主要以细致精美著称，蒲友们反复探讨，大多认为是虎须或者石菖蒲长期修剪、驯化而成，通过几百年的水、肥、光照的控制，培育成为一个个不同的品种，目前市面上主要有以下几种：黄金姬、有栖川、天鹅绒、贵船苔、群青姬、禅小川、黄金极姬、虎须极姬。

（1）黄金姬：叶片细柔，颜色鹅黄，通常10厘米长。黄金姬菖蒲种植过程中，如果光线长期偏弱，或者施放太多氮肥，叶片将会变绿。

（2）群青姬：也叫群青、群青姬石菖，其叶尖偏向一边，有军刀头特征，叶长只有7厘米左右，应为石菖蒲多年修剪、控肥培育所得。

黄金姬

群青姬

如此之多的日本菖蒲，发展至今，大多品种已经消失，有的品种交流到中国后称谓混乱，也有一些品种存疑争议较大，没有图文并茂的书籍对照学习，也没有权威机构予以论证。比如“正宗”菖蒲，很多蒲友认为其实就是银边菖蒲，所谓“姬正宗”，就是银边菖蒲老桩多年修剪而成罢了，不过是两国的品种名称不一样而已。还有一些品种生长在几个国家，国内有胧月菖蒲，日本也有，并非进口品种。

1 有栖川　　1 天鹅绒　　1 贵船苔

（3）有栖川：叶片直立，长度通常10厘米以内，叶边镶嵌有清晰白线，是日本菖蒲里面的艺叶品种，应为银边菖蒲驯化而成，但其叶片绿多白少，更富生机。

（4）天鹅绒：应为金钱菖蒲培育而成，叶片直立向上，纤细如天鹅，也有小军刀特征，宽度往往不足0.1厘米，长度通常5厘米左右。

（5）贵船苔：主要特征是叶尖呈小军刀头形式，叶片细短，长度通常1～3厘米，蒲友认为，日本是用金钱菖蒲驯化出天鹅绒，然后又挑选性型稳定的天鹅绒，培育出了叶片更细更短的贵船苔，此论有待考证。

（6）禅小川：叶片短促，只有0.5～1厘米长，为国内外菖蒲品种中叶片最短、最为小巧的品种。"老祖宗"应该也是金钱菖蒲。

（7）黄金极姬：为黄金姬反复修剪多年的驯化品种，颜色鹅黄，叶片通常1～3厘米。

（8）虎须极姬：为虎须反复修剪多年的驯化品种，龙根明显，中心密集，叶片短、细、密，只有1～3厘米长。

禅小川

黄金极姬

虎须极姬

（9）胧月：呈黄绿色或者全部黄色，叶片长达15～20厘米，叶宽0.3厘米，抗性强，常常用作园林绿化，大面积栽种。

（10）胧月极姬：应为胧月驯化而成，呈黄绿色或者全部黄色，叶片只有3～5厘米，叶宽0.2厘米.

（11）正宗：叶片为白色镶嵌绿边，白多绿少，也是日本菖蒲中的艺叶品种，叶片长达15～20厘米，叶宽0.3厘米。

胧月

胧月极姬

正宗

日本和韩国的菖蒲因其叶片短、小、密、弱，是资深玩家的心头之好，种植养护需要更为耐心，种植过程也会出现返祖现象，一盆小巧葱茸的菖蒲，有时会突然长出几片长叶，证明其是金钱菖蒲甚至石菖蒲进化而来。生物之所以“退化返祖”，一是进化后生物的性状本来就不稳定，原基因仍未丧失；二是因为养殖的环境、水肥发生了变化，原基因得以激活，从而“认祖归宗”，让祖先性状得以重新表现。

无论国内还是国外品种，我们谈及的菖蒲都同属天南星科，味道都是相近的清香味、药香味（香蒲味道特别一点），叶片没有中肋，底部对折、叶尖狭窄，而根茎都是略扁且横向生长，喜阴喜水。

唐菖蒲

天南星科的菖蒲是肉穗花序（佛焰花序），呈圆柱状，花小而密生，为白色。通常而言，菖蒲的株型越大，花柱越长，石菖蒲花序长4～8厘米，粗4～7毫米，金钱菖蒲的花犹如米粒大小，仔细观察方能发现。

蒲友需要分辨清楚的是，日本和韩国的庭石菖、汉拿花石菖、野州花石菖等品种，实则并不是天南星科的菖蒲，应是鸢尾科或百合科。

另外，唐菖蒲与菖蒲也根本不是"一家人"，唐菖蒲也是多年生草本，但属鸢尾科，不耐积水，喜阳喜暖。其球茎呈扁球形，花冠筒呈膨大的漏斗形，花色有紫色、黄色、红色等，十分丰富又极富变化，是重要的鲜切花。唐菖蒲的花语是坚贞、怀念、用心。从内到外，它跟菖蒲就是两种截然不同的植物。

除了唐菖蒲容易与菖蒲混为一谈，香蒲也易和水菖蒲相混。香蒲又称蒲草，其嫩的茎干，被称为蒲儿菜，蒲草富含纤维，有韧性，是很好的编织材料。其穗状花序形若蜡烛，叫做蒲棒，干后可用来絮枕头，有鬼蜡烛或水蜡烛之称。

端午节原本是水菖蒲和艾蒿搭配，悬挂大门外，现在也有人不辨真伪，将长长的香蒲草用来捆绑艾蒿，虽然外形相似，但其内涵已经相去甚远。

菖蒲诗韵

和吴巽之石菖蒲

（宋·何基）

菖蒲绿茸茸，偏得高人怜。
心清境自胜，何必幽涧边。
节老叶愈劲，色定枝不妍。
堂中贤主人，与汝俱萧然。
岂不与世接，自远尘俗沾。

香蒲

4.亲石喜潮湿——菖蒲植料有讲究

从菖蒲的分布和习性得知，菖蒲喜欢潮湿多水的环境，根须亲石，需要透气，虽然其种植难度相对兰花等花草而言不算大，但是植料选择和配土组合也有一定诀窍，必须尊重菖蒲习性，否则度夏便是其一大难关。

现在市场上的植料品种主要有赤玉土、鹿沼土、植金石、泥炭土、珍珠岩、泥土等。如果单独使用其中一种作为菖蒲植料，大部分都无法满足其生长需求，最好几种搭配使用。菖蒲亲石也亲水，喜欢通风透气、阴凉湿润的生长环境。花盆空间有限，所以植料的配置就尤为重要，最为适合的植料应该疏松、透气、利水又保水。

中国无论南方还是北方，夏天大都是高温酷暑，完全使用赤玉土、植金石等植料，盆器水分蒸发太快，浇水稍有怠慢，菖蒲马上生长受损、患病，甚至迅速枯萎死掉。赤玉土等颗粒土近年来之所以会招人喜欢，就是因为它漂亮、干净，利水性很好，但是颗粒土利水性太好往往不保水，甚至不能充分贴合植物根系，并不利于植物着根生长。

1 赤玉土

1 鹿沼土

1 植金石

矫枉过正也不行，完全选择泥土（花园土、黏土），其保水性虽好，可毛细孔隙率低，不透气不利水，滞水导致根叶无法呼吸，烂根腐叶，也不利菖蒲生长。另外如果土壤含氮量过高，还会导致菖蒲生长速度过快，叶片容易徒长，明代文震亨曾云："见石则细、见土则粗。"菖蒲欣赏，通常还是以秀气文气为主。

经过多年种植实验，花园土、泥炭土、珍珠岩三合一组合植料是菖蒲种植较佳的选择，组合配土既考虑高毛细孔隙率的植料，也通过组合植料保持较高的团粒间隙率，既保湿又透气，相对颗粒土，该组合植料价格低廉，长期使用成本不高。

花园土、泥炭土为有机植料，具有适当含氮量；珍珠岩为矿质植料，含各类矿质元素且偏酸性，三者混合完全满足菖蒲的生长需求。菖蒲种植时，请按1：1：1的比例，珍珠岩通常选择2～5毫米规格，搅拌配成三合一植料即可。

1 泥炭土

1 珍珠岩

1 黏土

二、好蒲配好器

1.菖蒲盆器见气质

不同的花草，根据生长的习性，还需要选择相应材质的花盆种植，以便于生长培育；其次为了观赏陈设，要进一步考虑盆器的形状、颜色，与花草的搭配是否得体，俗话说"人靠衣裳、佛要金装"，花盆就是花草的衣裳，适合其外形、气质的花盆，才能更好衬托花草之美。

北宋苏辙诗云："石盆攒石养菖蒲，沮洳沙泉蘸叶铺。世说华开难值遇，天将寿考报勤劬。心中本有长生药，根底暗添无限须。更尔屈蟠增瘦硬，他年老病要相扶。"苏辙用石盆种植菖蒲，其兄长苏轼不仅以石盆为器，还曾经尝试使用弹子涡，让菖蒲附石而植。

文震亨《长物志》记载："以青绿古铜、白定、官、哥等窑为第一，新制者五色内窑及供春粗料可用，余不入品。盆宜圆，不宜方，尤忌长狭。"材质、窑口、外形皆有讲究，可见古人种植菖蒲，也特别注重盆器的选择。

现在市场上盆器种类很多，样式可谓五花八门，从材质来分有陶瓷、紫砂、木头、石料、塑料、树脂等。菖蒲喜水、喜潮，根茎喜欢透气，菖蒲气质清雅、拙朴，选择种植菖蒲的盆器时，我们要考虑质地和大小，更要注意气韵一致，颜色协调，造型独特。

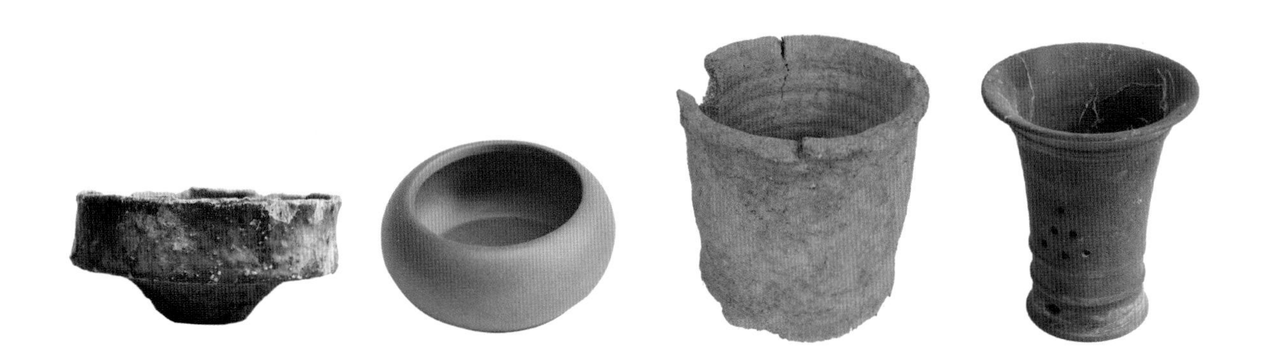

2.陶瓷木石各千秋

（1）透气的陶盆：是用各种泥土，经过加工成型、入窑煅烧而成，可分为不上釉的瓦盆和釉盆。瓦盆做工简单，造型朴实，《长物志》曰：**“菖蒲盆栽，瓦陶为农家翁用，不佳者不入品。”** 但瓦盆排水、透气性能好，对菖蒲生长非常有利，适合种植山野之气浓厚的石菖蒲，而且瓦盆容易长出青苔，别有一番韵味。

（2）精致的瓷盆：是由瓷石、高岭土、石英石、莫来石等高温烧制而成，盆面光滑美观。瓷盆虽漂亮，但通透性较差，若是缺损，倒是植蒲美器，破损的古旧瓷器，破口渗水正好。于破损古旧中滋养苍翠，生机勃勃的菖蒲赋予古瓷新的生命，仿佛两位故人相遇，相谈甚欢、神采奕然。

仿古白釉盆和青花盆也属于瓷盆，明清时期比较流行，种植菖蒲时，最好在此类花盆底部铺一层碎石，植料以泥炭土和珍珠岩为主，增加透气性，以利菖蒲生长。

（3）考究的紫砂盆：是用紫砂泥手工制造的陶土工艺品，以纯天然质地和肌理为美，不挂釉而富有光泽，有一定的气孔而不渗漏等特点，纯朴而又精致。紫砂盆器透气性能极佳，盆体透气益于植物呼吸和盆土排碱。

文房、会所以及许多雅致考究的场所，都喜欢放置紫砂盆种植的菖蒲，搭配红木家具和茶席，素雅大方、古色古香，可谓相得益彰。《长物志》中记载：“以砂栽故，耗水快，以瓷紫砂为佳。至于古器，宜配文房。至于钧窑，址在禹州，胎厚多窑变。文房之中，香炉、筒、洗之类雅致者皆佳。”

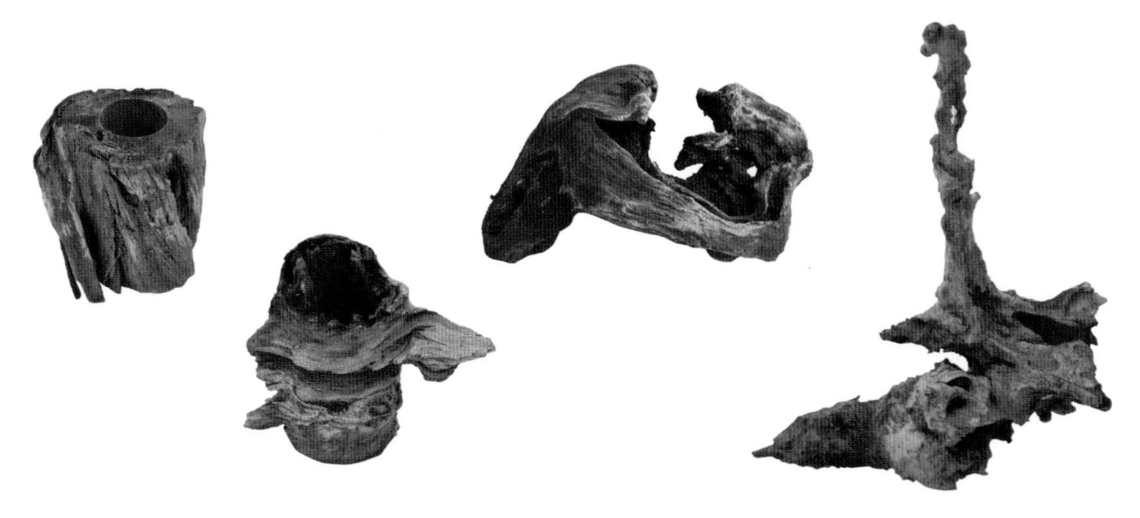

（4）拙朴的木盆：是用各种木材加工制作的养花容器。它重量轻，透气性能好，保水能力强，造价较低，但木质盆易受水、肥、微生物的侵蚀而腐烂，使用寿命较短。目前菖蒲种植选择的木盆，以松木和阴沉木材质为主，达不到阴沉木的等级，陈年枯木也不错，一丛新绿生，枯木也逢春。需要注意的是，野外捡拾的树干枯枝，一定要晒洗消毒方可使用，避免携带白蚁等虫害回家。

（5）坚固的石盆：石质盆器从古至今运用普遍，目前青石、鹅卵石、吸水石制作的石盆多有出售，以前用作舂碎调料的石臼现在也颇受青睐，稳固、拙朴、坚硬，是石器独有的味道，石质盆器种植菖蒲，可谓气韵一致、蒲石相得益彰。

“至于古石盆，细小堪把者入品。至于牛槽之类，岂可登堂，只宜院中置蒲石。”文震亨认为牛槽、马槽植蒲不雅，不可登堂入室，其实一条小巧的石槽，放入附石菖蒲和几尾小鱼，亦是堂前一道独特的风景。

(6) 塑料花盆：也是近年来大量使用的养花容器，通常大棚培育花草也种植在塑料花盆里。曾经有蒲友到花鸟市场选购菖蒲，结果空手而归，满腹牢骚说："市场里的菖蒲都没有品味，都种在红色塑料盆里，粗陋不堪。"

确实，虽然塑料花盆质地轻巧，价格低廉，方便培育幼苗，但塑料花盆不仅渗水、透气性差，不能用于长期种植，同时大多塑料花盆外形简陋、色泽艳俗，与菖蒲实在是难以久处、极不般配，建议买回菖蒲后，及时换盆。

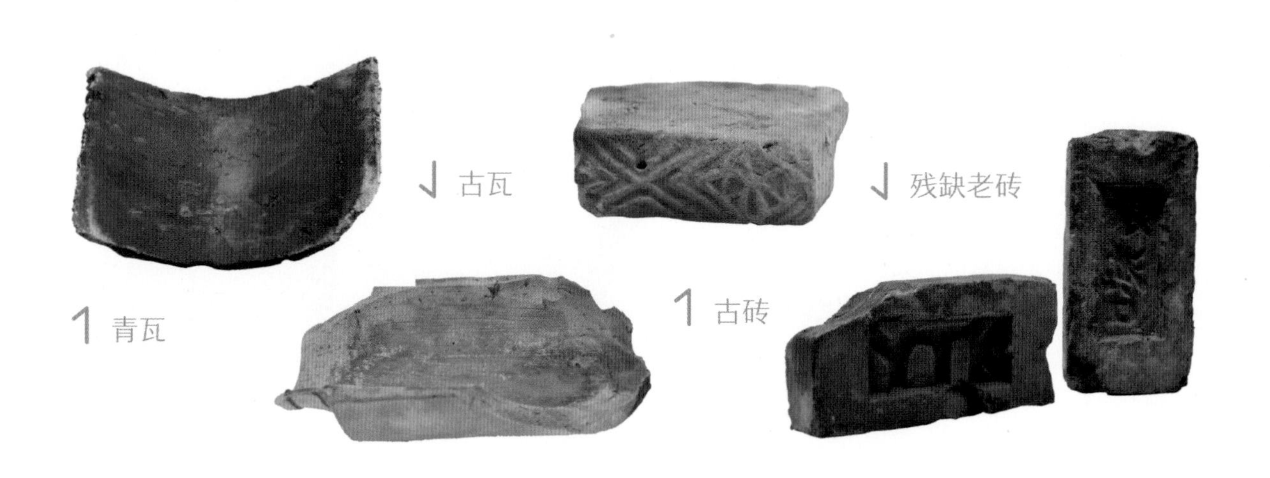

↓古瓦

↓残缺老砖

↑青瓦

↑古砖

时至今日，菖蒲种植盆器已有很多选择，除了以上花盆，还有一些看起来不像花盆的器物，实际也适合种植菖蒲，比如残缺的古砖、老瓦，比如烧制瓷器的装具——匣钵，只要透气保湿、素雅古朴，都可与菖蒲为伴。

粗陶、紫砂、老匣钵，石盆古瓷、旧砖老瓦，甚至贝壳……菖蒲植于这些盆器中，风姿卓然、清雅挺拔。工作之余敲敲打打，用枯木旧砖自制一个蒲盆，也别有一番趣味。

三、菖蒲土养，涧冷土稀菖蒲翠

有了蒲苗，选了盆器，便可以进入种植环节了。经常有朋友抱怨，非常喜欢种植花草，可是一番折腾下来，付出很多心血，阳台还是只剩一堆空花盆。其实，花草种植并不难，只是花草搬回来种在小花盆里，改变了它们的生存环境，确实对配土、养护有所要求。

1.耐心细致上盆

配置好组合植料，选择合适的盆器，可以开始种植菖蒲了。

（1）种植金钱菖蒲

准备物料：金钱菖蒲、紫砂盆器及垫片、小铲、镊子、细签、毛刷、水壶、敷料以及三合一植料。

①盆底放置小垫片，有孔花盆需要先用筛网遮掩一下，以免底孔太大水土流失过度。

②根据花盆和菖蒲的大小，先在盆中添加一部分植料，可将菖蒲放入盆中试探高矮，以确定添加植料多少，初种时菖蒲要高于盆器1～2厘米。

③提起菖蒲把原有植料轻轻磕掉（用水涮洗也可以），去掉原植料以及植料中的花肥，最后只留下根部护根的一点点植料即可。

④将盆中植料堆成锥形“小山”，将菖蒲根须小心分开，轻轻叉放在“小山顶”。

⑤一手轻扶菖蒲一手慢慢加入植料，均匀围绕菖蒲四周。

⑥用细签轻插菖蒲根部，一边捣实一边加入植料，让菖蒲根系饱含植料。厚植根基，植物方能健康生长。

⑦菖蒲种好，需要敷贴面料，一方面显得整洁美观，另一方面能遮盖保护盆器内的水土，避免日后浇水时植料流出。

⑧用毛刷清扫、整理盆面。

⑨喷浇定根水，清洗菖蒲叶片，需浇透直至水从盆器底孔流出。

以上是简单的菖蒲土养种植过程。初种时菖蒲要高于盆器，是因为随着浇水，植料压实以及水土流失，菖蒲会下降与盆器平齐，如此景致更佳。

菖蒲土养还可以使用露根种植法。主要是选择虎须或石菖蒲等具有龙根的菖蒲，将其根茎裸露并横卧在盆中，根须则埋入土中，由此改变菖蒲叶片的生长方向（自然状态下。除了石菖蒲，其他蒲根之节大部分卧于水土中，单枝会往上生长）。新叶在横卧的根茎上竖着生长，既增加了草的密度，也增加了美感。

菖蒲试试。

用一个托盘准备各种种植材料：胧月菖蒲、老瓦片、苔藓、小铲，三合一植料。

①在瓦片中添入少量植料打底。
②轻轻除去菖蒲根部上的多余原土。

③剪去多余老根。

④将菖蒲放入瓦片中央。

⑤一手轻扶菖蒲一手加入植料，压实压紧，一来让菖蒲根部充分接触植料，二来固定菖蒲。

⑥为了苔藓在瓦片植料上融合生长，剥离苔藓多余植料。

⑦在植料上铺贴苔藓。

⑧按压苔藓，使之与植料密贴，有利于苔藓生长。
⑨喷浇定根水，清洗菖蒲和苔藓。

菖蒲诗韵

游芙蓉峰

（明·林鸿）

密竹不知路，渡溪微有踪。悬知石上约，定向松间逢。
物候变黄鸟，菖蒲化紫茸。相望不可即，袅袅霜天钟。

(3) 枯木植蒲

物料准备：金钱菖蒲、紫砂盆器、小铲、镊子、细签，毛刷、水壶、苔藓以及三合一植料。

①在枯木底部事先铺设苔藓，填补漏洞。

②枯木槽中添入少量植料打底。

③将菖蒲以合适的姿态放入槽中。

④继续加入植料掩盖菖蒲根须。

⑤用细签插拨植料，让菖蒲根部充分接触植料。

⑥在裸露的植料部位铺贴苔藓。

⑦给菖蒲和苔藓浇水。清洗、定根。

⑧菖蒲安新家，枯木又逢春。

2.山石树木配蒲景

一盆茸茸盛盛的菖蒲可以单独成景，菖蒲土养方法掌握后，蒲友也可以尝试搭景种植菖蒲，以山石树木相配，制作景致丰富的菖蒲微景观，放置案几更具观赏性。

菖蒲喜阴喜湿，与其搭配的植物首先要习性一致，犹如择偶结婚，三观相同才能和谐相处。曾有蒲友尝试搭配小松柏以及文竹，都以失败告终，松柏喜阳，文竹不喜水，强行与菖蒲搭配，后期维护着实费劲，往往顾此失彼！

六月雪、小榆树、小椰子、姬翠竹、米竹、棕竹，这些植物喜阴不怕水，都是不错的选择。

太湖石、英石、灵璧石、千层石、青龙石……或者是其他好看的石头都可用于菖蒲配景，备用的石头事先要刷洗干净，清水浸泡几天。

菖蒲搭景，构图极其重要，一般是高低错落有致，前后呼应成趣，间以山石点缀，搭配成景。山石后面种植一棵茂密的虎须菖蒲，前侧可放置金钱一棵，若种植一棵瘦竹于山石侧面，则可以围绕山石再点缀金钱菖蒲几棵。

（1）山石盆景中种虎须菖蒲

种植物料准备：准备菖蒲、盆器、小铲、镊子、细签、毛刷、水壶、敷料以及搭配的山石树木。再用一个托盘，调配一些三合一植料。盆底勿忘放置小垫片。

①根据花盆、菖蒲和山石的大小，在盆中比划试放。长盆植蒲，菖蒲少有放在盆中央，往往按照三七分的比例放置，确定盆景构图方案以后，开始在盆中添加适量植料。

②将菖蒲提起，轻轻磕掉原有植料（用水涮洗也可），必须留下根部护根植料，否则不利菖蒲生长。

③将菖蒲提着置于盆中，一手轻扶菖蒲一手加入植料。

④用细签轻插菖蒲根部，一边加入植料一边捣实，轻轻按压让植料深入紧贴蒲根。

⑤菖蒲种好，按照预设地方放置石头。

⑥围绕蒲石继续添加植料，使菖蒲、山石以及盆器连接平顺，没有沟壑缝隙。

⑦敷贴面料，保持盆器水土及美观。

⑧喷浇定根水，清洗菖蒲叶片，需浇透直至水从盆器底孔流出。

菖蒲诗韵

寄吴道子

（元·王冕）

三月不见吴道子，
十日两渡钱塘江。
诗书压架自足乐，
风月满坛谁敢降？
菖蒲青青绕石壁，
薜荔密密缘山窗。
归来不道簿书急，
漫对阿戎言老庞。

(2) 他山之石搭配菖蒲

物料准备：异形紫砂盆及小垫片、虎须菖蒲、镊子、小铁锹、水壶、苔藓、两块小石头，以及三合一植料。

①确定盆景构图方案以后，开始在放好垫片的盆器中添加适量植料。

②将盆中植料做三七分，大堆植料用于种植虎须菖蒲。

③将菖蒲以最佳姿态种在右边的大土堆上。

④加入植料。

⑤在种好的菖蒲后面，放置大石头。

⑥铺设苔藓，以便保持盆器水土及美观。

⑦用镊子夹出苔藓中的杂质和野草。

⑧在划分好的大小〝山峰〞之间铺设小河沙，作为〝河道〞。

⑨在左侧的小山坡放置小石头后，浇水定根。

⑩刚刚做好的菖蒲小景，可放置在院子阴凉处静静生长。

菖蒲诗韵

为蒲郎解嘲

（清·金农）

此生不爱结新婚，
乱发蓬头老瓦盆。
莫道无人充供养，
眼前香草是儿孙。

3.锦苔织翠护昌阳

对于菖蒲盆景制作而言，敷面是最后一个环节，蒲友容易忽略。实际敷面对于所有盆景都尤为重要，不仅仅是出于美观，更是为了保湿和保持水土，方便日后浇水维护。

（1）菖蒲盆景的敷面材料

菖蒲通常采用以下几种材料敷面：苔藓、赤玉土、鹿沼土、麦饭石、河沙、火山石、白色鹅卵石、黑色鹅卵石等，蒲友可根据实际情况选择使用。

苔藓

赤玉土

麦饭石

火山石

白色鹅卵石

①苔藓：适合盆器较浅或者有坡度、植料高低起伏的菖蒲盆景，苔藓可以密贴在植料上，保护水土，防止浇水时冲刷土壤造成植料流失。苔藓还可以贮蓄一定水分，为菖蒲保湿。

苔藓采集非常方便，树间路旁都有生长，用小铲取其回来，剥去多余泥土，薄薄一层敷贴在植料表面，浇水压实即可。相思绿蒲叶，白露湿青苔，小小盆景充满自然的山野气息。

②赤玉土：适用于小型菖蒲盆景敷面，通常选择1～3毫米规格。颗粒土既可遮盖植料、保护水土，其干净的颜色还能衬托菖蒲之美，也可以使用鹿沼土。

③麦饭石、河沙：通常选择3～5毫米规格，用于中型菖蒲盆景敷面，或者菖蒲微景观造景，塑造河流石径。

④火山石：因其透气性最好，保水性最差，通常用于匽钵（底部无孔）或者大型菖蒲盆景敷面，选择3～6毫米规格即可。

⑤黑白小石头：黑色鹅卵石或者白色鹅卵石因为颜色醒目，运用得当，铺面后可以很好衬托菖蒲的绿色。

（2）火山石保护花边菖蒲

物料准备：火山石、花边菖蒲、仿古瓷盆及小垫片、三合一植料、常规种植工具。

①先在盆中添加一部分植料。

②提起菖蒲，把原有植料轻轻磕掉后放入盆中。

③一手轻扶菖蒲一手慢慢加入植料。

④用细签轻插菖蒲根部，一边捣实一边加入植料。

⑤植料添加到位，距离盆沿预留1厘米左右的高度。

⑥在铺好垫片的盆中加入火山石，作为敷贴面料。

⑦喷浇定根水，直至水从盆器底孔流出。将种植好的菖蒲放置阴凉处养护。

菖蒲诗韵

菖蒲

（宋·吴惟信）

一掬寒泉块石头，两三茎叶弄轻柔。

梦回一霎龙湫雨，五月轩窗也带秋。

（3）苔藓敷面有金钱

物料准备：苔藓、金钱菖蒲、小盆及小垫片、镊子、小铁锹、水壶、以及三合一植料。

①开始在放好垫片的盆器中添加适量植料。

②去掉菖蒲多余的原土。

③将菖蒲种在盆器左后侧。

④加入植料掩盖菖蒲根部并捣实。

⑤在菖蒲前面安置装饰石头。

⑥盆面铺设苔藓保持水土及美观。

⑦浇水定根，完成种植。

菖蒲诗韵

和吴巽之石菖蒲

（宋·何基）

菖蒲绿茸茸，偏得高人怜。
心清境自胜，何必幽涧边。
节老叶愈劲，色定枝不妍。
堂中贤主人，与汝俱萧然。
岂不与世接，自远尘俗沾。

四、菖蒲水培，青青菖蒲络奇石

“芒种时种以拳石，奇峰清漪，翠叶蒙茸，亦几案间清玩也。石须以上水为良。武康石浮松，极易取眼，最好扎根，一栽便活，然此等石甚贱，不足为奇品。唯昆山巧石为上，第新得深赤色者，火性未绝，不堪栽种，必有酸米泔水浸月余，置庭中日晒雨淋，经年后，其色纯白，然后种之，篾片抵实，深水盛养一月后便扎根，比之武康诸石者细而短。羊肚石为次，其性最碱，往往不能过冬。”

此段文字摘自明代王象晋的《二如亭群芳谱》菖蒲章节，详细讲解了古人附石养蒲的方法，进行了拳石、武康石、昆石、羊肚石等石头的优劣比较，植蒲人多有参考。

目前菖蒲附石水养通常有两种方式，一种是将菖蒲种在碎石上，另一种是将菖蒲附在石头上，两种方式都是“根下尘土一点无”“添水不换水”，是菖蒲清养雅赏的经典种植方式，从宋代开始，苏轼、陆游等前辈早已尝试。

菖蒲诗韵

菖蒲

（宋·姜夔）

岳麓溪毛秀，湘滨玉水香。
灵苗怜劲直，达节著芬芳。
岂谓盘盂小，而忘臭味长。
拳山并勺水，所至未能量。

1.碎石培蒲

第一种方式为碎石培蒲，将菖蒲洗净后，盆中铺上碎石，菖蒲培置其上，再用粗石拥埋根部，菖蒲生根以后，根系牢牢抓住石子，可以长期水培欣赏。

选择碎石时，朴素的粗河沙、麦饭石都非常合适，石子大小10毫米左右。铺设表面石头时，可以选用五颜六色的萤石、雨花石和鹅卵石等石头，也有蒲友选择玛瑙、腊石，不一而足，因人而异。

（1）古盆种植石菖蒲

准备种植物料：古盆、石菖蒲、鹅卵石、剪刀、水壶，清洗盆器。

①清除菖蒲多余根须，选择合适位置安放菖蒲。

②均匀放入鹅卵石。

③用鹅卵石压住根须。

④清洗蒲叶，盆中添加适量净水。

⑤修剪叶片，静待菖蒲萌发新叶。

⑥清泉白石伴菖蒲。

碎石培蒲需避开含有石灰岩成分的石子（龟纹石、鱼鳞石），此类石头浸泡在水盆中会释放碳酸钙，影响水质和菖蒲生长

菖蒲诗韵

画盆石菖蒲

（明·唐寅）

水养灵苗石养根，根苗都在小池盆。
青青不老真仙草，别有阳春雨露恩。
早起虚庭赋考盘，稻田新纳十分宽。
呼童摘取菖蒲叶，验到秋来白露团。

(2) 虎须菖蒲水培法

物料准备：虎须菖蒲，仿古砖水盆、黄金沙、雨花石、桶铲、小铁锹

①清洗种植用的黄金沙。

②将洗干净的黄金沙倒入水盆。

③用小铁锹将黄金沙推平。

④在水盆右侧放入虎须菖蒲。

⑤围绕菖蒲的根须添加黄金沙覆盖。

⑥在水盆左侧种一棵小虎须菖蒲。

⑦均匀放入点缀的雨花石。

⑧注入清水，莳养菖蒲。

苏东坡在其《石菖蒲赞并叙》文中曾详细谈到菖蒲的种植方式和特殊属性：“凡草木之生石上者，必须微土以附其根，如石韦、石斛之类。虽不待土，然去其本处，辄槁死。唯石菖蒲并石取之，濯去泥土，渍以清水，置盆中，可数十年不枯。虽不甚茂，而节叶坚瘦，根须连络，苍然于几案间，久而益可喜也。其轻身延年之功，既非昌阳之所能及。至于忍寒苦，安淡泊，与清泉白石为伍，不待泥土而生者，亦岂昌阳之所能仿佛哉？”

“节叶坚瘦，根须连络，苍然于几案间”，每每诵读至此，便仿佛穿越千年，看到东坡先生细心莳蒲的身影，仿佛看到他的书案上放着一盆挺水临石、清静高雅的菖蒲。

菖蒲诗韵

若耶溪上

（宋·陆游）

微官元不直鲈鱼，

何况人间足畏途。

今日溪头慰心处，

自寻白石养菖蒲。

2.软石附蒲

菖蒲附石水养的另一种方式，是将菖蒲附着于石头上生长。明高濂的《遵生八笺》有云："种之昆石，水浮石中，欲其苗之苍翠蕃衍，非岁月不可。往见友人家有蒲石一圆，盛以水底，其大盈尺，俨若青壁。其背乃先时拳石种蒲，日就生意，根窠蟠结，密若罗织，石竟不露，又无延蔓，真国初物也。后为腥手摩弄，缺其一面，令人怅然。"

此方式附石种植菖蒲时，不仅要选择合适的山石种类，而且还要注意山石的软硬、酸碱性等。附石种植菖蒲多用软石，常见的软石有滑石、吴定石等，因质地较软，这类石头也经常用于雕刻。

吴定石气孔细密，吸水性及保水性俱佳，而与其他吸水石相比，吴定石质地更有韧性，不易破碎。一块雕琢成形的吴定石，置放于水盘后，很容易生长青苔或其他小植物，呈现清雅之韵致，为许多菖蒲爱好者制作附石菖蒲的首选材料。

吴定石种植菖蒲

吴定石种植菖蒲前，事先需将吴定石浸泡吸水，凿出种植槽，最好放置户外一段时间，"唤醒"石头以后，再进行种植。

准备好种植所需的工具和材料：贵船苔菖蒲、雕琢过的吴定石、小镊子、小铲子等。

①剥离菖蒲多余原土。

②菖蒲洗净后清除多余根须。

③在种植槽中铺垫、填补少量植料。

④轻轻旋转菖蒲，将整株根须放入槽中。

⑤用苔藓覆盖根部，保持水分。

⑥放入水盆莳养。

菖蒲诗韵

若耶溪上

（宋·陆游）

微官元不直鲈鱼，
何况人间足畏途。
今日溪头慰心处，
自寻白石养菖蒲。

3.硬石植蒲

太湖石、灵璧石、英石是中国著名的观赏石，符合宋朝的米芾提出的“瘦皱透漏”相石四法体现的审美。它们姿态万千、通灵剔透，令人赏心悦目，神思悠悠。但此类石头石质坚硬，很难凿槽，也不适合菖蒲着根，大多用于土养菖蒲时配景。如果石头上有天然洞槽，可填土植蒲，但菖蒲生长比较缓慢。

1 风凌石

2 太湖石

目前太湖石等观赏石价格较高，蒲友往往选择风凌石（风砺石），这种新疆戈壁滩的石头倒是物美价廉，但石质坚硬，植物也不易扎根，除非石头上有天然凹槽，否则更多也是用于菖蒲微景观搭景。

昆石（昆山石），虽然石质坚硬，但窍孔遍体，方便菖蒲根系透气生长，其色泽雪白晶莹，搭配绿色菖蒲煞是好看，在宋代开始昆石就成为附石菖蒲的上佳选材，宋代陆游诗云：“雁山菖蒲昆山石，陈叟持来慰幽寂。寸根蹙密九节瘦，一拳突兀千金直。清泉碧岳相发挥，高僧野人动颜色。盆山苍然日在眼，此物一来俱扫迹。根蟠叶茂看愈好，向来恨不相从早。所嗟我亦饱风霜，养气无功日衰槁。”

1 昆石

吸水石，也是硬石，又称上水石，该石天然孔洞较多，上下管径相通，吸水性较强，非常适合种植菖蒲，因其硬而脆容易造型，价格低廉，目前不仅用于种植菖蒲，也广泛用于园林造景。

1 吸水石

（1）吸水石种植虎须菖蒲

准备物料：事先浸泡好的吸水石、虎须菖蒲、苔藓、铁锤、凿子、绑扎丝、小镊子、小铁锹。

①按菖蒲形状，将石头凿槽，为菖蒲"做窝"。

②菖蒲洗净后去掉多余根须，安放在石头上。

③用苔藓覆盖根部及裸露山头。

④将菖蒲和山石一起绑扎，生根后解除。

⑤放入合适的水盆，加水莳养。

⑥背面观蒲，需要补充苔藓护根。

⑦拳石种蒲，日久生意。

如果为菖蒲选定的附着之处为“悬崖峭壁”，一定要为菖蒲凿出浅槽，方便菖蒲贴合山石、落脚生根，根部敷贴苔藓以后，还需要进行绑扎，待其慢慢生根附石再行解开。

春天制作的附石菖蒲，因为生发能力强，三个月左右即可生根附石。其他季节制作的附石菖蒲，往往需要半年以上。

（2）金钱菖蒲附石生

准备物料：金钱菖蒲、吸水石、苔藓、凿子、铁榔头、绑扎丝、水壶。

①清洗吸水石，寻找菖蒲种植位置。

②根据造景构图，在合适的地方将石头凿槽。

③将菖蒲放在石头上比划，反复凿槽。

④将洗净植料的菖蒲安放在石槽上。

⑤用苔藓覆盖根部及周围裸露石体。

⑥将菖蒲、苔藓和山石一起绑扎。待到菖蒲生根附石后，再解除绑扎丝。

⑦找到一个合适的水盆，注水养蒲。

菖蒲诗韵

种石菖蒲

（宋·赵孟坚）

少年眼力健观书，卷里千言一览无。
官事簿书昏惘惘，致尤石上种菖蒲。

五、菖蒲养护需用心

《二如亭群芳谱》记载养菖蒲的口诀是："春迟出，夏不惜，秋水深，冬藏密。"又云"添水不换水：添水使其润泽，换水伤其元气。见天不见日：见天挹雨露，见日恐粗黄。宜剪不宜分：频剪则短细，频分则粗稀。浸根不浸叶：浸根则滋生，浸叶则溃烂"。

时至今日，环境、气候乃至居住条件都有变化，菖蒲的养护与古代已有差异。

1.汲泉承露养菖蒲——浇水

菖蒲喜水喜湿，浇水为菖蒲种植过程中的第一要务。浇水保湿贯穿一年四季，但四季却有差异。

春季浇水分为早春和晚春两种模式，早春时节（2—3月）通常气温较低，水分挥发较慢，但菖蒲开始生长，此时需保持两天浇水一次。进入晚春，太阳渐渐有了威力，菖蒲进入生长旺盛时期，浇水变为每天一次。春季如果菖蒲缺水严重，叶片会干枯，需要及时清理，否则会腐烂粘在健康的叶片上，最后影响整棵菖蒲的生长。

夏季浇水也有讲究，初夏和盛夏亦有不同，初夏时节（5月左右）的气温已经慢慢升高，大街小巷已经看见着急的人们身着短袖花裙，此时浇水仍然可以保持为每天一次。盛夏是菖蒲最难度过的时节，浇水不到位轻则焦尖黄叶，重则干枯死去。此时需要早晚浇水，早上七八点，晚上则是夕阳西下时，每天两次及时补充水分方可陪伴菖蒲安然度夏。如遇夏季梅雨时期，露养的菖蒲淋雨较多可暂停浇水。

1 缺水枯萎的菖蒲

夏天浇水，一定要耐心细致、反复浇淋，不可以粗心大意走过场。如果盆面太干，特别是苔癣敷面，苔癣干枯，浇水太快，水会直接从苔癣表面溢出，并未进入盆内滋润蒲根，菖蒲由此干枯受损，只有新鲜、足量的水分才能保证菖蒲的健康生长，否则病虫害就会趁虚而入。

有的蒲友喜欢用完全的颗粒土种植菖蒲，因为夏天干燥、颗粒保水能力差，浇淋的水会迅速流出，也一样没有滋润蒲根。特别是小盆种植的进口菖蒲品种，苗小根系弱，浇水不到位，会"立竿见影"地枯萎。完全用颗粒做植料种植的菖蒲，建议盆底置放接水底盘，菖蒲可以从盆器底孔吸附湿气，保持湿润，确保菖蒲平安度夏。

熬过酷夏，总算立秋了，蒲友们往往发现稍有疏忽，菖蒲就挂了，这实在令人沮丧。其实在中国很多区域，立秋并不代表天气真正凉快，反而还有“秋老虎”、秋高气爽（干燥）等着菖蒲，此时仍然需要警惕，保持早晚浇水。秋分以后，气温渐渐降低，浇水可以调整为每天一次。

气温降低后，晨起洗漱水已凉手，冬天来了。既然苏轼称菖蒲“耐苦寒、安淡泊”，便知适合菖蒲的季节到了，从而菖蒲的养护管理也就变得比较轻松，浇水的次数已经减少为二三天一次。到了冬至以后，一周只需浇水两次，蒲友们可以放心外出旅行了。冬雪皑皑中的菖蒲，拂开积雪，针针叶片依然油绿挺拔，安然无恙。

雪中菖蒲

菖蒲的种植养护中，莳蒲者需勤于观察。浇水的次数与季节气候息息相关，给出浇水定量只是倡导养成持之以恒的习惯，不可生搬硬套。如果人草分离数日，可将菖蒲置于水盆中浸养，保持湿润。浸泡的水不能太深，淹至蒲盆1/3即可，浸泡时间也不能太长，十来天后需要拿出让根部透气，防止烂根腐叶。

关于水质的讲究，城市的自来水都偏弱碱性，虽然菖蒲喜欢弱酸的土壤环境，但一般情况影响不大，能够将自来水存放一两天，释放氯气后再浇，或者用大缸接雨水浇灌，对于菖蒲养护来讲已经比较讲究，菖蒲并非娇气之物。

还有少数蒲友使用矿泉水浇灌菖蒲，爱蒲之心可见一斑。山西等地的水碱性太重，会影响植物对土壤中有机养分的吸收，不利于菖蒲生长，需要加入米醋中和一下水的碱性。而部分地区水硬（钙镁含量高），此水浇灌倒无大碍。

菖蒲诗韵

夏初湖村杂题

（宋·陆游）

寒泉自换菖蒲水，活火闲煎橄榄茶。
自是闲人足闲趣，本无心学野僧家。

2. 千度秋风叶不枯——通风

大自然很多植物都喜欢通风透气的环境，菖蒲也不例外。"原生家庭"为山野环境的菖蒲，对种植过程中的通风要求比较高。以前古人时常将菖蒲置于室内，置于书桌案头上，土墙茅屋中、天井轩窗下，晚上再把菖蒲拿到户外承接露水，菖蒲自然生长较好。

现代人身居高楼、不接地气，往往前后阳台封闭，通风透气较差，而许多人喜欢将花草放在角落点缀家居，实际这样的地方通风更差，菖蒲不宜在此久放，否则生长欠佳。

特别是夏秋季节，菖蒲不是处在封闭的空调房里，就是被放在闷热的室内，不能时常呼吸新鲜空气，病虫害也会悄然而至。此时要勤于移动菖蒲，白天若在户外吹风，晚上可以拿进室内；反之，白天放在空调房内摆设，晚上则应将菖蒲放在非封闭的阳台换气。

如果所处场所通风不佳，可以添加电风扇，加强空气流通。只要用心打理，菖蒲一定予以回报、四季常青。

3.陋室不嫌案头供——光照

菖蒲喜阴，散射光足以。但并非意味其喜欢阴暗的地方，不能把菖蒲放在卫生间或者过道等地，光线太暗不利于生长。

菖蒲种于高楼，应将其放在北向阳台，不可以置于南面阳台和飘窗暴晒；如果菖蒲种植在院落，主要还是植于北向或者阴凉处，否则强光照

4.病虫害诊治

菖蒲作为多年生植物，生命力非常顽强，但也会有病虫害，同时久居城市，与其原生环境差异很大，更容易感染生病。菖蒲病虫害主要有白粉虱和红蜘蛛（朱砂叶螨）、叶斑病、软腐病。

最为常见的是红蜘蛛，这种害虫是众多植物的天敌，菖蒲也不例外。每年的四五月，气温开始升高，红蜘蛛便开始繁殖，如果菖蒲放在闷热的空间，缺水不通风，极易爆发红蜘蛛虫害，此虫喜欢吸吮叶片的汁液，使叶绿素受到破坏，叶片呈现灰黄色或者白色斑点，可以一夜之间导致菖蒲白头，完全失去观赏性。如果菖蒲上出现蜘蛛网，意味着已经进入爆发期，看到植株上有白色粉末，往往已经繁殖多代了，此时喷药剃头已回天乏力。

菖蒲初染上红蜘蛛，可以喷药进行救治，杀螨药物一般可在花鸟市场或互联网上购买。喷药时做好个人防护工作，菖蒲叶片的正反面都要喷洒稀释的药剂，盆器以及周围也要进行喷杀，杀虫灭卵，同时进行。如果菖蒲种植一年以上，喷药同时也可以剃头，快速灭螨并促其生发新叶。

菖蒲一旦爆发红蜘蛛虫害，植株会迅速受损，诊治不及时，通常都会死去，因此还是以预防为主。进入夏季，一定要降温补水、加强通风；如果换盆植蒲，一定将植料晒杀消毒，提高菖蒲抗病能力。

菖蒲如果叶片发黄发黑、根部腐烂，往往是感染了软腐病。是浇水太多后出现积水或者通风不畅，细菌侵染所致，在高温、高湿条件下最易发病。需要剔除腐叶烂根，清洗后，喷洒杀菌剂重新种植。如果是因为盆器和植料透气性不够，需要及时更换。

治疗贵船苔的软腐病

物料准备：镊子、多菌灵、两个水壶、小水碟。

①贵船苔菖蒲叶片细短密，水直接浇在叶片上容易产生软腐病，要避免错误的浇水方法。

②染病后的贵船苔菖蒲叶片腐烂很多，而且相互传染。

③用镊子慢慢清理腐烂的叶片。

④清理干净的贵船苔菖蒲，可以通过短时曝晒杀菌。

⑤根据使用说明，将适量的多菌灵药粉溶解在喷壶里。

⑥用多菌灵药水喷洒贵船苔菖蒲的叶片正反面。

⑦杀菌完毕，在贵船苔菖蒲盆下置放小水碟，加水让植物根部吸潮生长。

⑧期待治疗后的贵船苔菖蒲再次呈现勃勃生机。

“花香蝶自来”，蒲园可不太喜欢蝴蝶，翩然而至的蝴蝶往往是来寻找产卵之地的，密密茸茸的金钱菖蒲是它们的首选，幼虫孵出后会啃食菖蒲嫩叶，等到发现，菖蒲已被蝴蝶幼虫“剃头”。

菖蒲在种植过程中，还会因蜗牛、蛞蝓（俗称鼻涕虫，是一种软体动物）取食其叶片形成孔洞。这些害虫爬行后的蒲叶上会出现黏液，影响叶片呼吸生长，撒盐驱虫是办法之一。

菖蒲大量出现黄叶焦尖，大多是因为浇水不足或通风不畅，与正常的新陈代谢偶尔黄叶不同，叶片往往也会萎靡缺乏光泽，甚至干枯失去活力，此时需要迅速补水、通风，改善种植环境。

菖蒲的病虫害预防诊治，需要我们仔细观察、及时处置。

5.细剪菖蒲泛玉卮——剔黄与剃头

无论是菖蒲自然的新陈代谢原因，还是通风不畅或者浇水不当造成的黄叶腐叶，为了菖蒲的美观和健康，蒲友都要及时剔黄。而剃头是菖蒲的另一种养护方式，既可以剃除黄叶病叶，也可以控制叶片粗细长短，增加观赏价值。

每年五六月病虫害高发期或者梅雨季节，菖蒲出现的黄叶更需要及时清理，否则极易产生霉菌及腐烂叶片，最后整棵菖蒲烂掉。忙碌之余，把清理一盆菖蒲作为休闲放松的活动，可以一举多得，养草养眼又养心。

菖蒲耐寒，冬季无需特殊养护，但盛夏是菖蒲最难度过的时节，日夜高温很容易令其“焦头烂额”，此时“顽强”的虎须菖蒲和黄金姬菖蒲还能“面不改色”，但金钱菖蒲很容易受损，及时剔黄，也无大碍，等待入秋后剃头。

秋季时，蒲友可以选择黄叶过半、状态不佳的菖蒲进行剃头，好好利用九月十月这一时期让菖蒲修整生发，以蓬勃的状态进入寒冷的冬天。

石菖蒲剃头

物料准备：剪刀、镊子。

①先从菖蒲的外沿开始剪掉叶片。

②逐步修剪中间的蒲叶，注意不要伤及根部。

③用镊子清理蒲叶中的腐叶杂质。

④再次修剪过长的蒲叶，余留1厘米即可。

菖蒲剃头小贴士：

1.菖蒲剃头时保留1厘米叶片即可，留太长徒耗养分，太短则伤及叶芽，难以生发。

2.每年初春为剃头最佳时机，菖蒲生发能力最强，生长恢复最快，秋季次之，夏季最好不剃（容易感染腐烂）。

3.一年剃头一次即可，剃头频繁将适得其反，影响菖蒲生长，蒲草长势渐渐变弱。如因病虫害万不得已剃头另当别论。

4.最好种植服盆一年以上再剃头（如同太小的孩子动大手术风险较大一样），还没有长好的菖蒲剃头也很危险。

菖蒲诗韵

睡起

（宋·龙辅）

下帏恣午睡，怪杀鸟相呼。
起来慵刺绣，窗下理菖蒲。

6.针控素养不施肥

菖蒲怎么养护？经常听到蒲友这样的提问。回答是：针控素养不施肥。

一则菖蒲虽是观赏植物，但仍是草，其属性及原生环境都不需要太多肥料，如果肥料太多、叶片徒长，反而影响外形品赏。

二来只喝清水的菖蒲是中国文人士大夫气节的象征，清贫、清雅，一身正气。施厚肥与菖蒲的人文精神不符，菖蒲还是素养为妙。

在菖蒲种植的过程中，配制的三合一植料已经满足其生长需求，不必加入更多肥料。素养的同时，每年修剪剃头一次，通过修剪，控制叶片形状，使其叶片像针一样细密、秀气，就能得到最佳的观赏效果。

7. 自然荣茂易繁殖

明代王象晋在《群芳谱》中写道："夏初取横云山沙土，拣去大块，以淘净粗者，先盛半盆取其泄水。细者盖面，与盆口相平。大巢一可分十，小巢一可分二三。取圆满而差大者作主，余则视盆大小旋绕明植。经雨后其根大露，以沙再壅之，只须置阴处，朝夕微微洒水，自然荣茂。"

几年前菖蒲未曾兴起之时，蒲苗种植地域狭窄，数量稀少，十分金贵，以一苗（几片叶子）为计价单位，购买途径非常有限，得之不易。蒲友种好一盆菖蒲，日渐茂盛以后，常进行分株繁殖，同好之间互换分享。

分株繁殖须在早春时期行。

物料准备：小铁锹、水盆、小花盆、三合一植料。

①用小铲将菖蒲连根茎整株挖出，保持好嫩叶及芽、新生根，轻轻磕掉植料。

②按照根茎走向，顺势分成一株株大小不等的蒲苗。

③每株保留根须和几个叶芽。

④将一大棵虎须菖蒲成功分成几株。

⑤将蒲苗清洗整理干净。

⑥按照土养步骤将其种入盆中，壅土进行繁殖。

⑦分株繁殖，这样就又多了几盆菖蒲。

此举省钱不省事，虎须菖蒲和石菖蒲等分株很合适，但是金钱菖蒲、贵船苔等小株型菖蒲，根系较弱、细如棉线，分株过程容易伤根损苗，需要极其细心。

现在菖蒲因为成了植物界的网红，种植的区域扩大，花农大量涌现，非常便于普遍推广种植。菖蒲品种也因为国内外的交流，变得丰富多样。菖蒲苗购买渠道丰富，不再高价难求。蒲友往往更追求菖蒲老桩爆盆的荣盛，分株繁殖也就渐渐成为历史。

菖蒲诗韵

白纻辞上苏翰林二首

（宋·晁补之）

上山割白纻，山高叶摵摵。
持归当户绩，为君为絺绤。
不惜洁如霜，畏君莫我即。
谁言菖蒲花，可闻不可识。

播种为菖蒲另一种繁殖方式，菖蒲初夏开花后，长出圆柱状肉穗花序，开出白色小花，花期结束，圆柱结籽，可以将收集到的成熟红色的浆果清洗干净，在室内进行秋播，保持潮湿的土壤或浅水，在20℃左右的条件下，春天会陆续发芽，后进行分离培养，待苗生长健壮时，可移栽定植。

此法繁殖菖蒲生长缓慢，有心的蒲友可以尝试，其实菖蒲每年开花结籽，散落的种子遇到合适的环境，也会自然繁殖，长出小苗。大自然山水之间的菖蒲，应该就是如此遍野繁殖、逐水而居。

菖蒲之雅趣，不仅在于观赏，也在一株株的种植中，日常的养护里。浇水培土举手投足之间。要想种出素雅清新的菖蒲，只需蒲友“三心二意”：“三心”即爱心、恒心和专心（专业之心）；“二意”则是诗意和创意。

菖蒲种植需静心和静观，日日养护之间，慢慢体会莳养之趣，自有心得。

在这个节奏飞快的年代，让我们忙里偷闲，停歇片刻，莳蒲养心、怡情养性。当我们真正了解菖蒲的前世今生，知道其文化历史；当我们通过菖蒲与古人对话，与其产生共鸣；当我们踏实沉静用心植蒲，收获清幽之景——我们一定可以在浮躁的生活中，找到片刻的自在、安宁。

下篇

菖蒲
雅集更有趣

中国文人雅士爱花草树木，要么托物言情表达某种美好的寓意，要么是将其作为人格的参照，用以修正自己的品行，梅、兰、竹、菊，莲、棠、松柏等都是如此。

菖蒲也不例外。

菖蒲偏爱清幽的环境，多长在清水边的石缝间，是多年生草本，耐寒、四季常绿，因此其高洁品性被归结为“忍寒苦，安淡泊，与清泉白石为伍”；又因菖蒲不易开花，叶片根茎虽有香气，却只有在修剪或是碾碎时才能闻到，低调、不炫耀，被当作是“隐”的象征。

菖蒲的莳养，一直喻示着中国人的精神追求，安贫乐道、坚韧有节、宁静致远、隐逸脱俗……张听蕉云：“菖蒲有山林气，无富贵气。有洁净形、无肮脏形，清气出风尘以外，灵机在水石之间，此为静品，此为寿品，玩者珍惜。”

历朝历代赏蒲植蒲，不是单单的雅兴，而是有着深层次的文化精神追求。且菖蒲还有着不可替代的药用及香料价值，菖蒲文化由此才能兴隆繁盛，传承千年。

综观两千多年的栽培史，菖蒲文化也经历了三个阶段：唐代之前，人们多视其为可益寿延年的良药。宋代以后，则变成文人雅士的案头清供，成为文人士大夫的精神慰藉。当今时代，人们对其科学客观地研究后，更多地把菖蒲当成心灵寄托，也当作祖国传统医学中的良药，植蒲、赏蒲、闻妙香，菖蒲玩法丰富多彩。

菖蒲诗韵

寄谢刘彦集菖蒲之贶二首

（宋·朱熹）

其一

君家兰杜久萋萋，近养菖蒲绿未齐。
乞与幽人伴岑寂，小窗风露日低迷。

其二

泉清石瘦碧纤长，秋露悬珠炯夜光。
个里无穷闲造化，别来谁与共平章。

一、菖蒲可赏可妙用

《神隐书》有云：“石菖蒲置一盆于几上，夜间观书，则收烟无害目之患。或置星露之下，至旦取叶尖露水洗目，大能明视，久则白昼见星。”说的就是它放置案头的实用之处：“夜则可收灯烟，晓取垂露润眼。”当今世人将菖蒲放在办公桌上，没有油灯之烟可收，但可以降低电脑辐射，净化空气，绿绿的蒲叶片可以缓解视疲劳。

至于益寿延年、祛病强身，服食菖蒲治病救人，则历代医书均有记载。

1.历代典籍记载

关于石菖蒲，汉代《神农本草经》谓之："气芳香，性味辛、苦、温。归心、胃经，主风寒湿痹，咳逆上气，开心孔，补五脏，通九窍，明耳目，出音声。久服轻身，不忘，不迷惑，延年。"

在《本草纲目》中，李时珍整理了石菖蒲的主治用法："治中恶卒死，客忤癫痫……散痈肿。"这些都是十六世纪以前我国劳动人民的经验总结，也与当代祖国传统医学对石菖蒲的应用一致，而现代石菖蒲的化学成分以及药理作用的研究结果，给了祖国传统医学以理论支撑。

平时蚊虫叮咬，将新鲜石菖蒲的根茎叶捣烂揉碎敷上，可以迅速止痒散结，也算是生活中的小小妙用了。

石菖蒲根茎

菖蒲诗韵

幽处

（宋·释文珦）

幽处绝烦喧，白云常在门。
高歌动涧壑，空境外乾坤。
洗眼菖蒲水，轻身枸杞根。
闲中存至乐，难与俗人言。

野生石菖蒲

2.民间妙用菖蒲

普通民众在菖蒲药用之外，亦作食用。食疗方有羊肾黑豆杜仲菖蒲汤、茉莉菖蒲茶、菖蒲桂花酒、菖蒲百合饮、菖蒲猪肾粥等。

2018年北京卫视养生堂节目，介绍的茶饮方，也用到了石菖蒲，饮后能开窍豁痰、轻身益智。

食蒲之风由来已久，配方、用法众多，古籍皆有记录，广大民众也有效仿，曾有武汉蒲友学习古人食蒲，用菖蒲油焖龙虾，食后称味道不错。而贵州、广西等地，惯用香蒲炖肉熬汤，那味道更是香飘十里。

无论药用食用，古代医书都反复强调，唯石菖蒲之根可用，石蒲干用，钱蒲鲜用。《本草新编》曰："石菖蒲，必须石上生者良，否则无功。"

特别要提醒的是，万物凡为食用皆须小心谨慎，非医者、非专业人士，不可胡乱采摘菖蒲，更不可盲目食用菖蒲，治病养生，对症下方，遵从医嘱为好。

菖蒲诗韵

和许宰寓武邑赓杨丞靖安八咏

（宋·舒邦佐）

好语飞来散绮霞，清新俊逸属诗家。
著人似醉菖蒲酒，有味如尝橄榄茶。

3.九节菖蒲之辨

唐代张籍诗云："石上生菖蒲，一寸八九节，仙人劝我餐，令我颜色好。"历代本草均载，菖蒲以生于山涧浅水石之上为食用之佳，谓之"石菖蒲"。石菖蒲以"一寸九节者良"，故石菖蒲又有九节菖蒲之名。

宋庞安时《修治》曰："凡使勿用泥菖、夏菖二件，如竹根鞭，形黑、气秽味腥。唯石上生者，根条嫩黄，紧硬节稠，一寸九节者，是真也。采得以铜刀刮去黄黑硬节皮一重，以嫩桑枝条相拌蒸熟，曝干锉用。"

现在的人多把阿尔泰银莲花的根茎当九节菖蒲来用，岂知古代提到的九节菖蒲是天南星科，二者根本就是不同的植物。

古今九节菖蒲之辨，如同菖蒲与唐菖蒲的区别，称谓上模糊混淆，常人往往误认，实际截然不同，完全是不同科属的植物。

石菖蒲根茎

菖蒲诗韵

宫词

（宋·王仲修）

金盘碧粽裹雕菰，

九节菖蒲渍玉壶。

拓地直临四海岸，

朱书无用辟兵符。

4.菖蒲香用之道

古今中外世人种植菖蒲，无非有以下几个目的，一是赏蒲，赏其形赏其色，菖蒲令人赏心悦目；二是品蒲，品味其文化内涵，传承千年的菖蒲文化，有诗词歌赋，有书法绘画，还有医书香谱，着实耐人品味；三是养心，养蒲的过程，是修心养性的过程，自己精心打造的菖蒲小景，成就满满的同时，也会忽略许多世俗杂事，多一分宁静淡泊，多一分美的感受；四是闻蒲，菖蒲气味芳香，有益身心，时常以蒲制香，以蒲会友，无疑是一种非常健康的生活方式。

菖蒲作为传统香料，最早记录可以追溯到春秋战国时期，楚人屈原在其《楚辞》中多次颂扬菖蒲，并将其与兰草、白芷、零陵草等香草一起记录在册。

宋代的中国传统文化蓬勃发展，焚香抚琴不再是王公贵族、宗教信仰的特权，各类香品开始在普通民众及日常生活中运用，记录用香及其相关事物之专书蔚然成风。其中《陈氏香谱》是宋代集众香谱之大成之作。该书共分为四卷，记载了当时的香料，介绍了香料出处、历史及香的功效、用途、窨藏、用具、典故等，核心内容是合香的配方。

在《陈氏香谱》卷一的香草名释中，作者对照当时的香料，解释了屈原在《楚辞》中所咏的“兰”“荪”“芷”“蕙”等香草为何物，而“荪”就是溪涧中所生的石菖蒲。

明代周嘉胄的《香乘》，谈香事者必以此书称首焉。

全书共二十八卷，李维桢为序，崇祯辛巳（公元1641年）刊成。作者赏鉴诸法，旁征博引，累累记载，凡有关香药的名品以及各种香疗方法一应俱全，可谓集明代以前中国香文化之大成，为后世索据香事提供了极大的参照。

在《香乘》卷十三的香草名释一节中，作者再次确认《楚辞》中的香草"荪"即石菖蒲，同时在《香乘》卷二十五一节中，记载了一种菖蒲合香的香方：**窗前省读香，由菖蒲根、当归、樟脑、杏仁、桃仁各五钱及芸香二钱组成，研末用酒为丸，或搓成条阴干，读书有倦意焚之，爽神不思睡。**

菖蒲制香，世代流传至今，有史可寻，毋庸置疑。关键是菖蒲种类繁多，用哪一种菖蒲制香更为合适，才需要我们斟酌思考。

水菖蒲，就是泥菖蒲，民间甚至称为臭菖蒲，可见此类菖蒲味道不佳，不宜制香。

茴香菖蒲，也叫香菖蒲、随手香，顾名思义有着茴香的味道，香气太过浓郁，而贵州一带叫山萘、五香草，湖南、广西部分地区叫沙香或沙姜，常作为烹饪羊肉的香料，主要用作调料，也不宜制香。

菖蒲诗韵

菖蒲涧

（宋·李纲）

寸根九节结孤芳，青剑凌波日日长。
幸有仙方辨真赝，医师休更进菖阳。

蘇東坡

虎须菖蒲、金钱菖蒲、黄金姬菖蒲等品种，气味偏淡，用作观赏为主。

唯独石菖蒲，其味清香，既为古书记载，也符合药用香用之道，是菖蒲制香的主要材料。将清洗干净的石菖蒲，太阳晒干，粉粹筛选，便可以开始制作各种形式的香品。

随着科研的深入，除了制香，石菖蒲精油的开发与应用已在多个领域中崭露头角，用水蒸气蒸馏法提取其干燥根茎得出石菖蒲精油，得油率为0.3%～1.6%。它的功效及其他的行业用途，还有待大家深入探索。

菖蒲精油

菖蒲诗韵

彦通以诗送石菖蒲和谢之

（宋·杨万里）

笑拂孤芳旋汲泉，忽如身堕晓霜天。
一生寒瘦知何用，只得清名垂万年。

二、识蒲制香玩不停

早在公元前4500年，中国就已发现植物具有治疗疾病的功效，而埃及人则发掘了芳香植物对于肉体上和精神上的作用，希腊人更是除了将精油用在医疗方面，还用它来做镇静剂和兴奋剂，并把它用在沐浴和按摩中。

中国香文化渗透在社会生活的诸多方面，包括医疗、宗教以及各类文化艺术作品等，是中华民族在长期的历史进程中，围绕各种香品的制作、炮制、配伍与使用，而逐步形成一系列物品、技术、方法、习惯、制度与观念。

国人对香所爱至深，线香、香篆、香牌、香珠、香囊……要么闲时打篆焚香、焖香熏粉；要么平日随身佩戴，熏衣香体，怡情养性，男女老少皆适用。在古时又称之为"佩帏法"，以期达到通经活络、安神养心之功效。

古人将芳香植物用在人体除臭方面、治疗疾病甚至防治传染病等方面，芳香疗法，在历代留下的诗词歌赋、汗青史册中可见，被大众所认可并沿用至今。

楚韵蒲香历史悠久，赏蒲制香代代相传，每一道工序，每一根线香，每缝制一个香囊，每打

一盘香篆，都蕴涵着楚文化自由浪漫，卓然不屈的人文气节，承载着我国传统香道的纲要精髓，而且更为重要的是延续着手工技艺的匠人精神。

菖蒲全株芳香，药理独特，为香料中药效非常独特的一种，历代中医典籍均把菖蒲根茎作为益智宽胸、聪耳明目、祛湿解毒之药。在调理身心、促进健康的范围内，使用石菖蒲粉制作香囊、香牌、线香，拓印篆香或者洗浴，在运用中传承，在创新中推广，让古老与现代结合，为当下的生活服务，也是传统文化更好的传承方式。

菖蒲诗韵

迎春乐

（宋·秦观）

菖蒲叶叶知多少。

唯有个、蜂儿妙。

雨晴红粉齐开了。

露一点、娇黄小。

早是被、晓风力暴。

更春共、斜阳俱老。

怎得香香深处，作个蜂儿抱。

1. 手作香囊表心意

好香不仅芬芳，使人心生欢喜，而且能助人达到沉静的境界。在防病养生方面，早在东汉，名医华佗就曾用丁香、百部等药物制成香囊，悬挂在居室内，用来预防肺结核病。现代流行的药枕之类的保健用品，都是这种传统香味疗法的现代版。

香囊，又名香袋、花囊，是用布料或五色丝刺绣缝制成形状各异、大小不等的小绣囊，内装多种芳香气味的中草药研制的细末。香囊在我们通常的概念中，就是定情之物，它传情达意的密码是多种多样的，含蓄且优美。又因为香囊是随身之物，恋人之间也常常把它当作礼物相互赠送，以表心意。

我国南方的很多地方有端午节挂香囊的习俗，内置菖蒲、薄荷等香料。

祖国传统医学认为夏季的气候特点是湿热，细菌容易滋生，而放有中药及香料的香囊则有杀菌和提高身体抵抗力的作用。

（1）新鲜蒲叶制香囊

物料准备：剪刀、镊子、竹筲箕、无纺布内袋、香囊布袋及外包装。

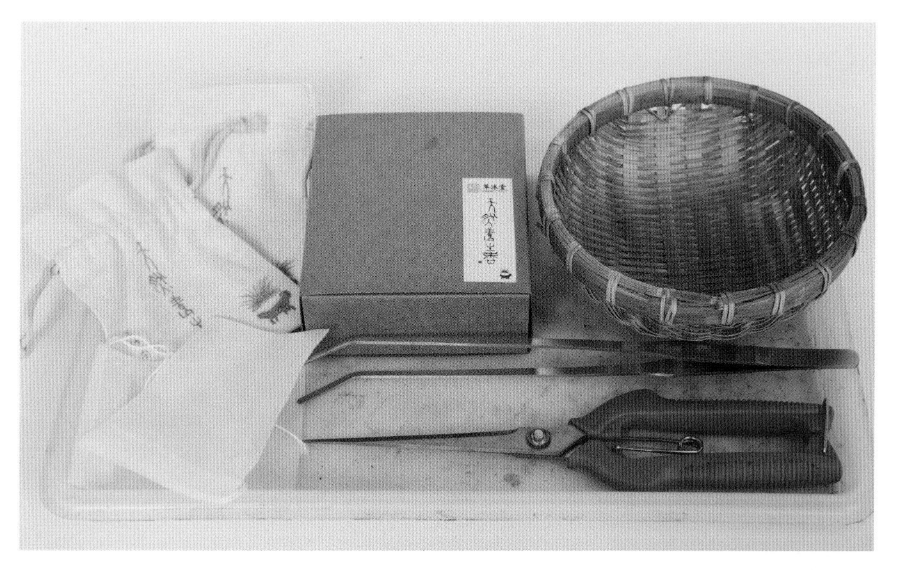

①剪下足够的新鲜蒲叶。

②用镊子筛检蒲叶中的杂物。

③将清理好的蒲叶剪成寸余长。

④剪好的蒲叶放在竹筲箕里阴干备用。

⑤将阴干后的蒲叶装进无纺布内袋。

⑥系紧无纺布内袋的口子，避免蒲叶散落。

⑦将装满蒲叶的无纺布内袋装进布袋。

⑧同样系紧布袋的拉绳，防止香料漏出。

⑨简单的菖蒲香囊制成，剃头制香一举两得。

简单的菖蒲香囊制成后，放在床头或者车上均可，可保存时间半月左右。

如果需要保存更长时间，并且效果更佳，建议使用石菖蒲粉制作的香囊，同样简单易行。

荆楚大地山多水丰，菖蒲又喜水亲石，自然遍布山水之间。从鄂东黄梅，到鄂西山区；从鄂南蒲圻，至鄂北江汉两岸，到处都有石菖蒲的身影。而用其制香，其材料真是取之不竭。

（2）石菖蒲粉制作香囊需要准备的物料

无纺布内袋（6厘米×8厘米），长方形花布（7厘米×12厘米香囊外袋），粉粹后的菖蒲粉、针线、剪刀、流苏、皮绳、小汤匙、电子秤。

①香材处理：购买未经粉碎的石菖蒲根茎清洗晾晒，晒干后，将石菖蒲剪成寸余小段，进行粉粹（中药店可提供粉碎服务），再用100目筛网筛选后，粗粉用于香囊，细粉可以用于制作香牌和线香。

②选择颜色大小相配的流苏。

③先裁剪大小合适的花布（规格大概为12厘米×6厘米），将长方形花布沿着长边正面折边，然后长边对折（反面折）。

④将皮绳对折打结，将打结的皮绳放进对折后的花布，绳结在外。

⑤开始缝制后，起头的地方要和皮绳反复走针缝紧，这样皮绳不会脱落，香囊也不易开线。

⑥沿着布边往前缝，直角倒边后，缝制到一半时将流苏预埋在花布里，反复走针缝紧，再继续缝制到折边的地方，然后打结剪线。将缝好的香囊外袋翻过来，待用。

⑦称取10克菖蒲粉，装进无纺布内袋，系紧口袋，避免蒲粉泄露。

⑧将蒲粉内袋放进香囊外袋，将外袋的边对折后缝制收口。

⑨整理后完成。一针一线，亲手缝制的香囊，有着不一样的心意，自用或送人，都感觉特别温暖。

2.合香炮制小香牌

“疏影横斜水清浅，暗香浮动月黄昏。”香气袭人的夜晚，用菖蒲粉，制作雅致的小香牌，静谧的时光，既温馨又浪漫。

小香牌可以挂在车上，也可以挂于胸前代替毛衣链。既能散发香味，强身健体，还有装饰作用。

炮制小香牌，香粉与黏粉的比例大概是4：1，即香粉占比为80%，黏粉只需20%，可以选择自己喜欢的模具，来做出自己喜欢的形状，经过搅拌、和泥、醒香、压模、晾晒等过程，最后串上线就制成了一个香牌。

手工香牌采用纯天然菖蒲粉为原料，制作步骤深刻表现出一个事物从散到聚，从无到有的完整过程，这是一道关于时间的论述题，是心与手的配合，是情意沉淀的分分秒秒。

（1）手工神佛香

准备物料：石菖蒲粉、楠木粉、香牌模具、瓷钵（搅拌香粉）、油画刀、橄榄油、油画笔（刷油）、晒香网、纯净水、小汤匙、电子秤。

①香材处理：将粉粹后的石菖蒲粉，用100目筛网筛选，细粉用于炮制香牌（粗粉制作香囊）。

②香料过秤：石菖蒲粉16克，楠木粉4克。一共20克，大概可以制作5个小香牌。

③混合香料：充分搅拌，均匀混合两种香粉。

④加水调和香粉：如和面一般，少量分步加水，使香粉在水的作用下逐渐形成香泥，再用手反复揉捏成团。

①

②

③

④

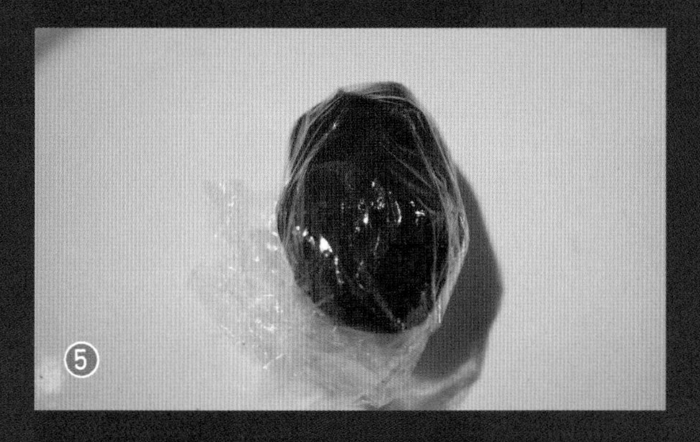

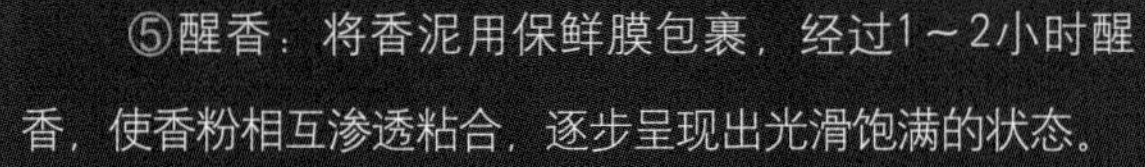

⑤醒香：将香泥用保鲜膜包裹，经过1～2小时醒香，使香粉相互渗透粘合，逐步呈现出光滑饱满的状态。

⑥香模的准备：将选择的香模刷上一层薄薄的橄榄油，以便香牌脱模。

⑦选取适量的香泥，捏揉摊薄，按在印模上，并反复压实、塑形，然后反扣在光滑的平面上压平，用油画刀切除多余香泥，进行整型。

⑧将修整好的香牌翻转轻轻敲打，用铜签挑出，置于晒香网上，再预留穿绳小孔。一至二日，自然风干。每日要进行翻面，注意它的形态变化。

⑨完全干燥后，穿绳打结，可配以各类适宜的装饰。

以不同的模具，自己动手制作一块属于自己的香牌。制作过程中，需要以手心的热度使香泥由干涩变温润，需要倾注极大的耐心，需要一段安静的时间，如同创作一件艺术品一样，别有乐趣。一块制作精良的香牌，会令人爱不释手，历经岁月，香味犹存。

（2）平安自心求

物料准备：石菖蒲粉、楠木粉、香牌模具、晒香网、瓷钵（搅拌香粉）、毛笔（刷油）、油画刀、橄榄油、纯净水、小汤匙、电子秤。

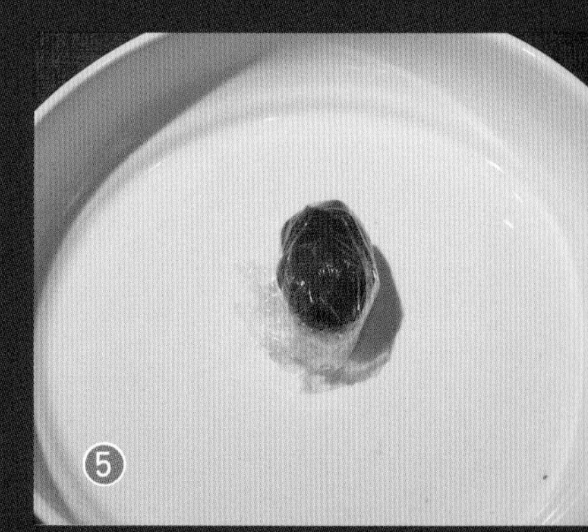

①香材处理：用100目筛网筛选粉粹后的石菖蒲粉，筛出细粉做香牌。

②香料过称：一块小香牌，大概需要石菖蒲粉3克，楠木粉1克，一次可以多做几块。

③混合香料：将两种香粉充分搅拌，在干粉状态时先均匀混合。

④加水调和香粉：少量加水，使香粉逐渐形成香泥，反复揉捏成团。

⑤醒香：将香泥用保鲜膜包裹，经过1～2小时醒香。

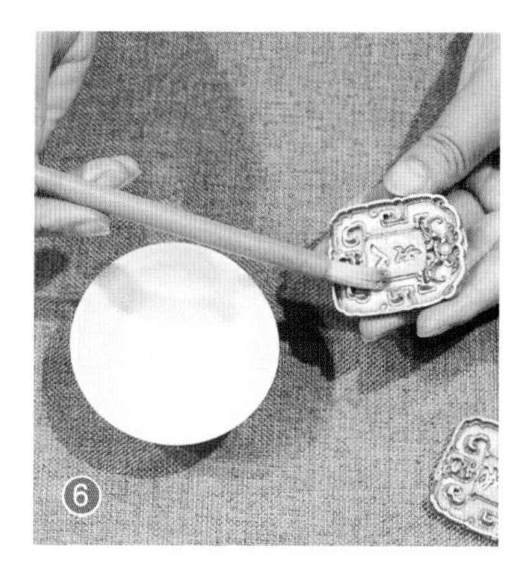

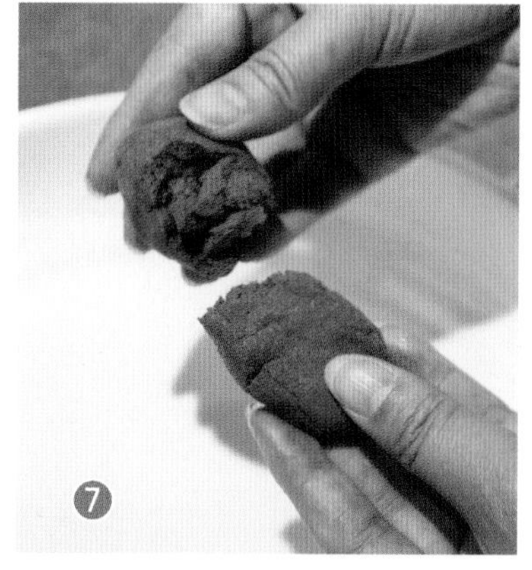

⑥香模的准备：将准备好的香模用毛笔刷上橄榄油，以便香牌脱模。

⑦将醒好的香泥捏成模具大小的形状，厚薄适中。

⑧把整好形的香泥，按在印模上，双面扣紧，去掉模具边缘多余香泥。

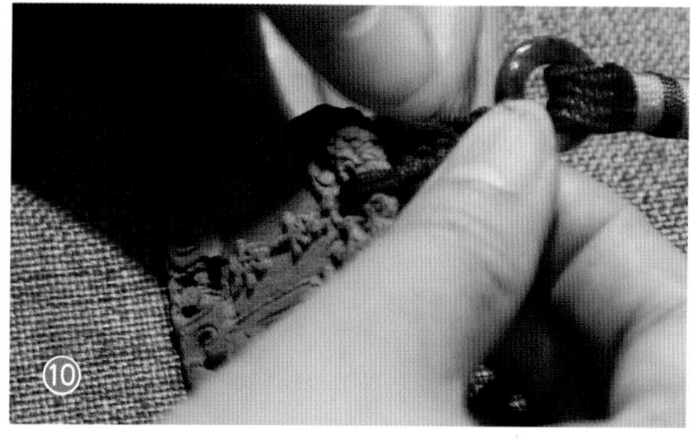

⑨打开模具，用铜签挑出香牌，置于晒香网上自然风干，再预留穿绳小孔。

⑩等到香牌两面完全干燥后，穿上挂绳，美美的香牌就制作完成了。

这是一个双面平安牌，正反两面都有精美图案。制作香牌时，可以略微变通，比如没有油画笔，可以用毛笔替代。

菖蒲制香，这整个流程延续传承古代技法，全天然材料，纯手工操作。将石菖蒲根茎晒干后，进行粉碎、筛选，然后合粉、揉粉、醒香，再做成香牌或者线香、盘香，放置阴凉处通风阴干后再使用。整个制香流程需要十余道工序，参与者耐心学习制作，获益多多。

3.菖蒲线香全天然

线香就是没有竹芯的香，也叫直条香、草香。天然线香只由香料、粘结料组成，没有加入色素及辅助材料。线香早在宋元时期就已经出现，燃烧时间比较长，所以又被称为“仙香”或“长寿香”，古时候常见寺庙以线香长度作为时间计量的单位，因此也被称为“香寸”。

石菖蒲线香主要成分是石菖蒲粉和楠木粉，为了兼顾中药治疗作用和香道，燃烧时味道更加柔和、好闻，根据香道的“君臣佐使”，往往加入一部分沉香，一点点檀香，组成合香。

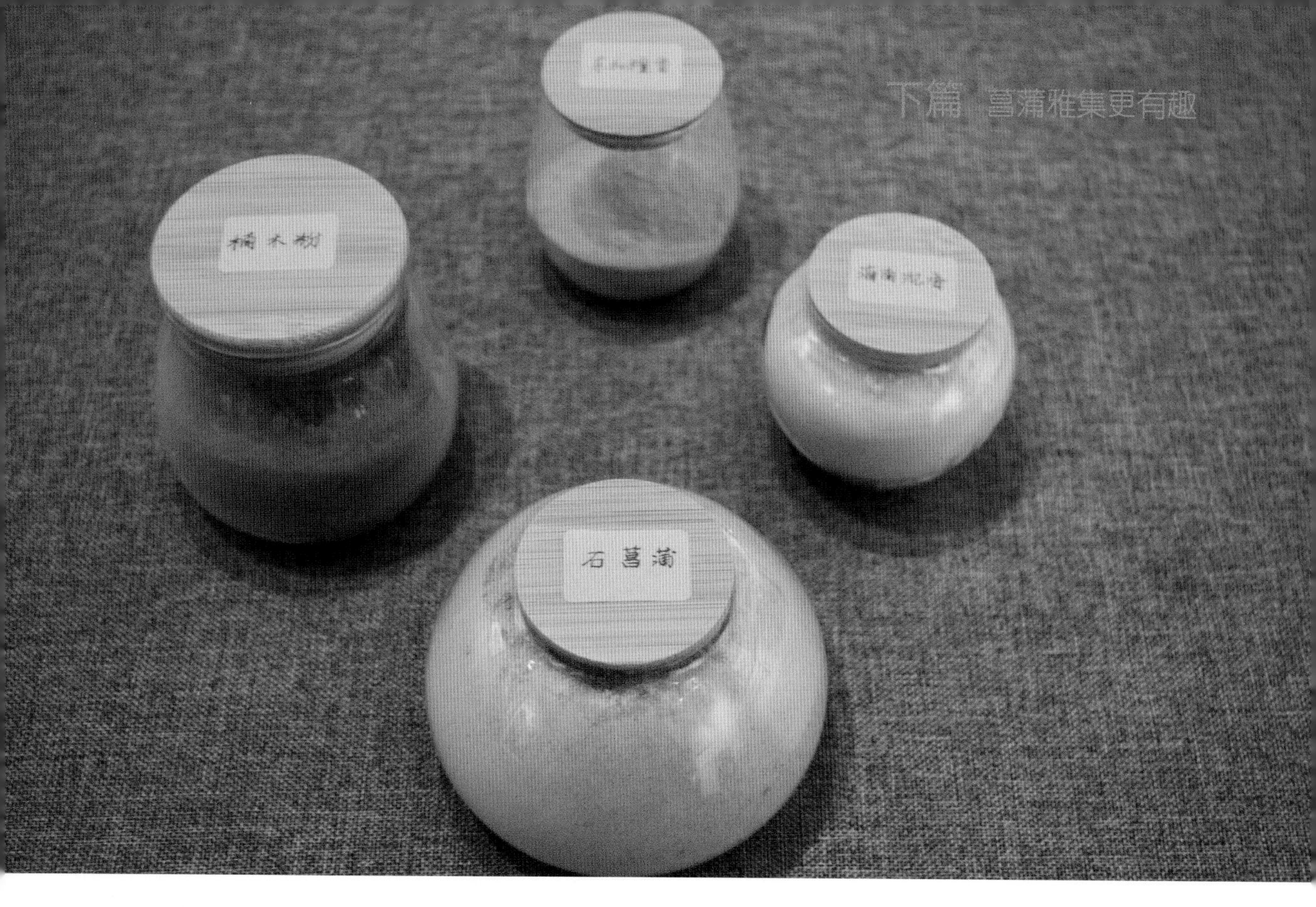

准备物料：石菖蒲细粉、沉香粉、檀香粉、楠木粉、制香工具、瓷钵（搅拌香粉）、晒香网、纯净水、小汤匙、电子秤、桐木香盒（各类材质香筒均可）。

①香材处理：将粉粹后的石菖蒲粉，用100目筛网筛选，筛出的细粉用于制作线香（粗粉制作香囊）。

②香料过秤：按照比例，将四种香料称量加入瓷钵中，其中石菖蒲粉8克，沉香6克，檀香2克，楠木粉4克；一共20克，大概可以制作2盒线香。

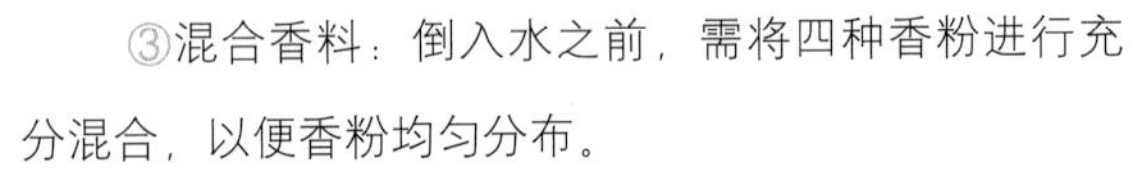

③混合香料：倒入水之前，需将四种香粉进行充分混合，以便香粉均匀分布。

④加水和香泥：加入适量水，慢慢搅拌，再反复搓揉，像儿时玩泥巴一样，直至粘合成团。

⑤灌装香泥：将香泥搓成细长条，轻轻灌入制香器内，摇动拉杆，缓慢向下推动香泥。

⑥整理线香：将挤出的线香按照大致长度截断，疏散摆放在晒香网上。稍干时，进行整理，将线香用压香板推动并排整齐，防止干燥变形。

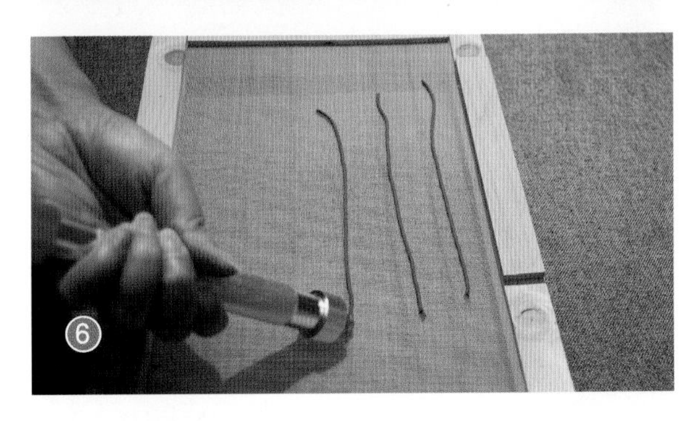

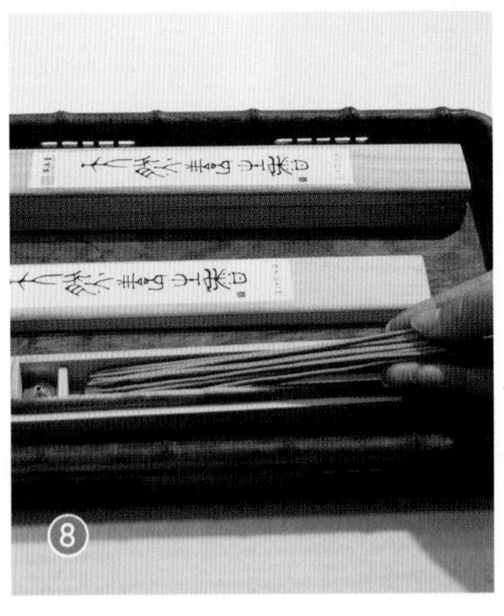

⑦晾晒线香：将理好的线香均匀压上小板，防止上下干燥变形。置于阴凉处阴干，气候干燥时，一天即可干透。中途需要将压香板换位压香。

⑧包装线香：将晾晒好的线香称重，大概10克（30根左右）为1盒，妥善包装，放在阴凉干燥处窖藏，3月后使用为最佳。

香疗属外治法中的“气味疗法”。各种木本或草本类的芳香药物，燃烧所产生的气味，通过人体的嗅觉、味觉功能，经由皮肤和呼吸系统吸收，调整身体内分泌，从而对人在生理和心理上进行调整，起到免疫避邪、杀菌消毒、醒神益智、润肺宁心等作用。

石菖蒲一直是香料的一员，其花、茎香味浓郁，全株具特异的香气，可以提取芳香油，有杀虫灭菌的功用，也具有开窍、祛痰、散风的功效，燃烧其线香是一种安全简便且高雅的疗愈方式。

菖蒲诗韵

江南弄

（明·刘崧）

江浦晴云作水流，鸳鸯哺雏花满头。
沙堤十里寒溘溘，湘娥踏桨摇春愁。
菖蒲叶齐宝刀绿，佩鱼双剪琪花玉。
酸风吹雨不见人，一夜啼痕绣丛竹。

4.拓印香篆去浮躁

“香篆结云深院静，去年今日燕来时。”

古时的佛堂书斋闺阁里，人们常把香粉末用模具压印成固定字形或花样，然后点燃，循序燃尽。这种用香的方式称之为“香篆”。也叫“香印”“香拓”。压印香印的模子称之为“香篆模”。

从宋代许多诗文记录可知，香篆还可以用于计时，宋代洪刍《香谱·百刻香》有云：“近世尚奇者作香篆，其文准十二辰，分一百刻，凡燃一昼夜已。”

运用石菖蒲粉拓印香篆，可闻香悟道，可治病救人，简便易行，高雅实用。

（1）静心济惠得福报

准备物料：石菖蒲细粉（含香粉罐）、香炉（带香灰）、香篆全套工具（香篆模、香筷、香压、香拂、香匙、香铲）。

①铺平香灰：先用香筷搅拌香灰，避免香灰局部板结。

②再用香压轻轻地压平香灰，不要太实，平整为好，以便香粉在燃烧时氧气能及时供给。

③用香拂轻轻洁净香炉口沿。

④压印香印：将香篆模展示后，轻轻地平放在铺好的炉灰中间。

⑤用香匙将香粉慢慢填在模子上。

⑥香篆模不能移动，反复用香铲推平填满，用香匙将多余香粉回收香粉罐内。

⑦轻轻向上垂直提起模子，尽量避免碰散印出来的香篆。

⑧静观香篆形状字义。

⑨点燃香篆：直接用防风打火机，或者点燃事先准备的线香，在打出图形或字样的一端点燃香篆，徐徐燃烧、渐渐燃尽。

⑩双手高举香炉敬天地。

⑨

⑩

⑪

⑫

⑬

⑪观篆观烟，闻香悟道：香篆点燃，青烟袅袅，端坐观之，一火如豆，忽明忽暗。助人静思，使人顿悟兴盛衰败。

⑫香篆徐徐变成灰黑，字图易色，饶有情趣。

⑬轻轻铲出香篆灰烬，以便下次使用香炉。

菖蒲香篆，既享受拓印过程，又能在烟云缭绕中静思悟道，还可呼吸清雅蒲香。时值今日，由于现代人承受了种种来自环境、情绪、身体、精神的各种压力，身体往往出现亚健康的状态。专家研究发现，采用植物源作为日常保健的芳香疗法，可有效且无副作用地改善人们的情绪状况并促进健康。

菖蒲诗韵

竹枝词十二首

（明·王叔承）

点点流萤送落花，
春风寂寞断琵琶。
人来寄与菖蒲叶，
说是成都造纸家。

(2) 古今莲蕊有香尘

准备物料：石菖蒲细粉（香粉罐），香炉（香灰），香篆全套工具（香篆模、香筷、香压、香拂、香匙、香铲）。

①先用香筷搅拌板结的香灰。

②再用香压轻轻地平整香灰。

③香炉口沿用香拂清扫洁净。

④香篆模展示后轻放在炉灰中间。

⑤将适量的香粉慢慢填在篆模上。

⑥用香铲推平香粉，填满篆模。

⑦屏气凝神轻轻向上提起模具。

⑧静观香篆的形状含义，线香引燃。

⑨双手高举香炉齐额敬拜天地。

蒲香回归手工制香大家庭，唤醒了世人的记忆，弥补了香料成员中的缺环，使遗失多年的蒲香又进入民众视野，重新回到人们的生活中。蒲香作为菖蒲的衍生品，突破了菖蒲以往仅为“文人草”的局限，被普通百姓所接纳并传播，社会各界人士都能参与其中并受益，使之有了更为广泛的社会性。

5.驱蚊止痒小香膏

以菖蒲精油为主，与其他精油混合放至容器中，做成独一无二的固态香膏，驱蚊止痒、提神醒脑，方便随身携带。

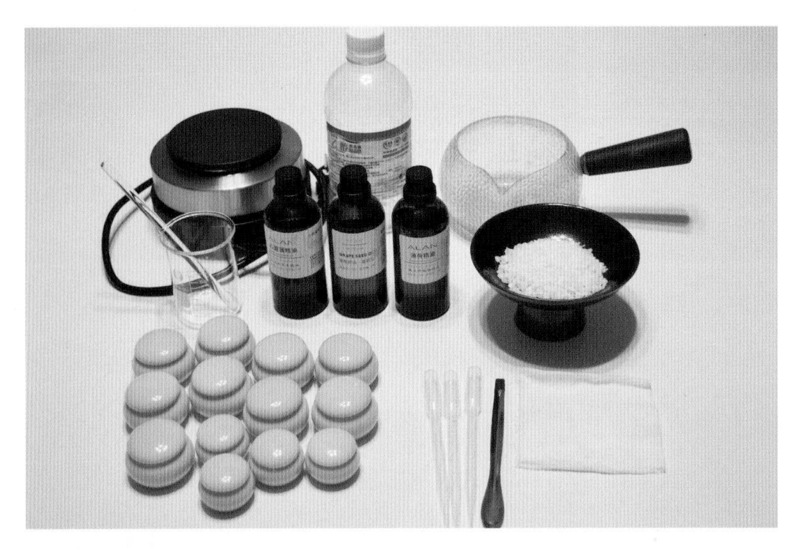

准备物料：电磁炉、烧水壶、100毫升量杯、玻璃搅拌棍、酒精、棉纱、石菖蒲精油、葡萄籽油、艾草精油、蜂蜡、吸管、电子秤、香膏罐。

①先用电磁炉烧水，同时用酒精消毒香膏罐。

②再用量杯称取25克蜂蜡，在壶中隔水温化。

③蜂蜡完全融化后，加入30毫升石菖蒲精油。

④一边搅拌，一边加入30毫升葡萄籽油。

⑤一边搅拌，一边加入10毫升艾草精油。

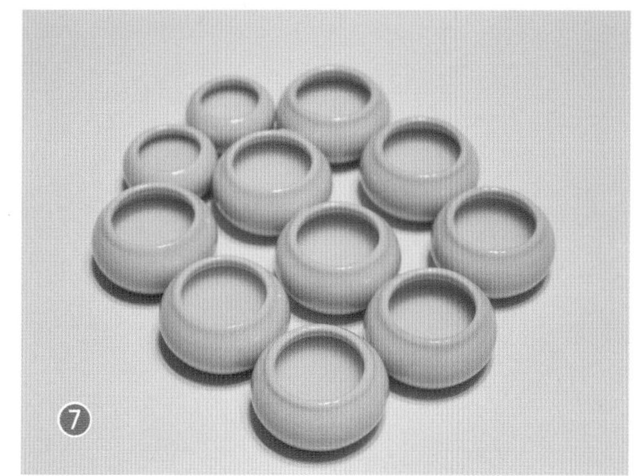

⑥将100毫升调制好的驱蚊油分装到香膏罐。

⑦冷却后的驱蚊香膏有着像动物油脂一样的色和形。

⑧盖上罐盖，天然的驱蚊止痒小香膏就制好了。

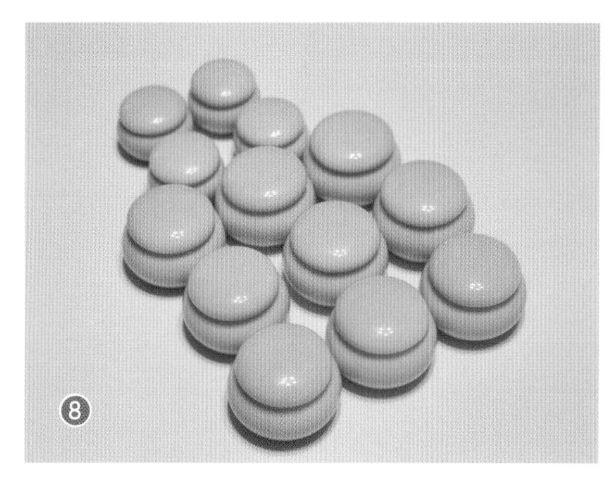

6.菖蒲洗浴更健康

在古代中国文化中以农历五月为“恶月”，五月五日这一天是“恶日”，因为农历五月，正是仲夏疫疠流行的季节，五月五日是盛暑开端。中国古代就很注重夏令卫生，在五月五日端午这一天，很讲究禳毒驱瘟的事。

菖蒲在端午的驱瘟辟邪、禳除毒气的活动中扮演着重要的角色，每到端午这一天，家家户户除了在门柱、屋檐下悬挂菖蒲等“天中五瑞”植物之外，还习惯以“菖蒲汤”洗浴，以驱瘟辟邪、强身健体。

中国古书《大戴礼·夏小正》中就有记载五月五日的文字：**“蓄兰，为沐浴也。”**常常被用来煮汤沐浴的菖蒲有“福兰”的别称。沐浴的目的在于禳除毒气。

端午时节沐蒲汤

物料准备：新鲜的石菖蒲、两个水盆、毛巾、烧水壶。

①清洗干净石菖蒲的灰和沙土。

②清理菖蒲黄叶，并将其剪短。

③将菖蒲根茎剪短，以便泡出菖蒲药液。

④烧开水泡菖蒲，或者煎煮菖蒲。

⑤开水浸泡菖蒲叶及根茎。

⑥盆中菖蒲水渐渐变成黄色。

⑦用泡好的菖蒲水洗浴。

热毒湿疮造成的各种皮肤病，用菖蒲煮水沐浴是极好的。又因菖蒲喻示屈原之气节，端午时节沐浴菖蒲水，便成了实用又应景的活动。

千年以来，“菖蒲汤”从中国古代传到现代，从国内传到国外，遍布日本、朝鲜、韩国、越南，逐渐成为东亚地区文化特色。

日本关西地方的兵库县城崎町，就有泡菖蒲汤的传统。城崎町以温泉盛名，在五月五日这一天（日本明治维新以后改为公历）或早几日就举办

“菖蒲汤节”。城崎町的菖蒲汤是在温泉水里用菖蒲泡出清香，让人在端午初夏时节享受芳香的泡澡，同时祈祷无病无痛、驱邪消灾。

日本的城崎温泉已有1400年的历史。端午期间，城崎温泉有七个“外汤”（公共浴场）提供菖蒲汤，部分温泉旅馆也有提供菖蒲汤让入住的旅客享受泡澡。

日本在现代将公历五月五日这一天定为国定假日，日本人家在这一天，也有一家人用菖蒲水洗热水澡，以祛灾除病的传统习俗。

在韩国，自朝鲜时代起就有洗“菖蒲汤”或饮“菖蒲水”的习俗。韩国的“菖蒲汤”是用菖蒲和川芎这两种植物煮沸后泡出汁液的水，用来洗头。菖蒲和川芎这两种植物都含有分解油分子的硫化物的成分。有的妇女也用菖蒲露化妆，称为“菖蒲妆”。

端午时节菖蒲浴，这一古代中华文化从中国流淌到东亚各国，让各国人民在端午节的习俗中，体验到了中华文化历久弥新的智慧。

菖蒲诗韵

渔家傲·五月榴花妖艳烘

（宋·欧阳修）

五月榴花妖艳烘，绿杨带雨垂垂重。
五色新丝缠角粽，金盘送，生绡画扇盘双凤。
正是浴兰时节动，菖蒲酒美清尊共。
叶里黄鹂时一弄，犹瞢忪，等闲惊破纱窗梦。

三、独乐乐不如众乐乐

曰："独乐乐，与人乐乐，孰乐乎?"曰："不若与人。"

曰："与少乐乐，与众乐乐，孰乐?"曰："不若与众。"

一个人做香囊、制线香，安静而优雅，不失为独处的一种选择。而同道中人在一起品茗赏蒲、一起聚会交流，其中的乐趣和收获自然又不一样。雅集，源自于古代，专指文人雅士吟咏诗文,议论学问的集会。

东晋王羲之的"兰亭雅集"。永和九年（公元353年）三月初三的那场微醉，不但"熏"出了37首诗歌，更成就了王羲之千古名篇《兰亭集序》，及其被誉为天下第一行书的书法作品《兰亭集序》。堪称历史经典雅集！

不必羡慕古人生活的风雅。当今社会，随着生活水平的逐步提高，人们对文化艺术和精神生活也有了更高的要求，社会上渐渐出现了各种雅集，除了吟诗作赋，其他风雅文化元素也可参与，诸如琴、棋、书、画、茶、酒、香、花等。

菖蒲虽为小景，但既可以独立成集，也可以与其他元素一起，打造内容丰富的活动，还有一些手作活动的加入，让以菖蒲为主题的雅集不仅风雅，还有趣味，令与会者获得满满的参与感。

菖蒲诗韵

效孟郊体七首

（宋·谢翱）

手持菖蒲叶，洗根涧水湄。
云生岩下石，影落莓苔枝。
忽起逐云影，覆以身上衣。
菖蒲不相待，逐水流下溪。

1.菖蒲种植培训

菖蒲种植难度相对兰花等花草而言不算大，但是根据其习性，植料选择和配土组合也有一定诀窍，其次为了观赏陈设，盆器的形状、颜色，与菖蒲的搭配是否得体，都是植蒲人进一步需要考虑的问题。

时常会有爱蒲者苦于菖蒲种植不好，要求学习菖蒲种植技巧，组织一场种植培训活动，就可以现场教授、互相交流，让喜欢菖蒲的人学会种植，学会长久维护，从而扩大菖蒲爱好者基数，形成植蒲雅玩的良好氛围。

菖蒲种植培训活动方案

活动内容：现场带领爱好者一起，从学习配土开始，学习种植菖蒲。通过学习几种构图形式的盆景制作，以及种植细节演示及盆面敷料，手把手教会大家基本种植方式。参与者边看边学，自己制作的菖蒲盆景可以带走留念。

活动流程：

①幻灯片讲解菖蒲习性及种类。

②学习配置三合一植料。

③示范菖蒲土养种植流程。

④讲解菖蒲基本维护知识。

活动人数：通常15～30人。

活动时长：0.5～2小时。

物料准备：种植工具、植料、菖蒲苗、盆器、敷料、喷水壶。

场地布置：条桌、椅子围成长方形空间。

菖蒲诗韵

依韵和原甫新置盆池种莲花菖蒲养小鱼数十头之什

（宋·梅尧臣）

瓦盆贮斗斛，何必问尺寻。
菖蒲未见花，莲子未见心。
小鲜不足烹，安用苦饵沉。
户庭虽云窄，江海趣已深。
袭香而玩芳，嘉宾会如林。
宁思千里游，鸣橹上清涔。

2.菖蒲盆景展览

菖蒲气质优雅自在，原栖于山林，茎叶平缓柔顺，每每赏看，清雅自得，与树石搭配，置于案间，大有遁隐于野，得自在山人的气质，所谓风来四面卧当中。

观赏菖蒲之雅，无需远赴山林，但也不仅是手机中的图片传阅，现场展览会更为生动、直观。通过丰富品种的展示，让更多喜欢菖蒲的人，看到菖蒲之美，加入到莳蒲养心的行列中；同时加强交流，共同进步，让菖蒲盆景的制作更富有诗意，更加精致。

菖蒲盆景展览方案

活动内容：在活动场地布置各式菖蒲盆景，进行造型展示及品种讲解，介绍菖蒲打理养护知识，为广大市民提供文化精神食粮，让现代都市人，零距离领略传统文化之美。

菖蒲数量：通常20盆左右。

活动时长：2小时左右或者一周时间。

物料准备：菖蒲盆景（含托盘、几案）、条桌（含桌布）、运输装具及工具、水壶、背景音乐。

场地布置：根据现场状况，可将菖蒲集中展示于条桌上，设置一个菖蒲展示区域；也可以分布于活动空间的合适位置，如茶席、花几、供桌、茶几、书架、博古架、玄关柜、书案等家具上，通过实景展示，让参与者体验式观赏，感受菖蒲在书桌案头的清雅。

注意事项：室内展览需要较好的通风，夏秋季节展览需要控制室温，长期展览需要专人维护打理菖蒲。

3. 菖蒲文化讲座

世间的花草很多，只有那些有故事、有文化、有内涵的花草，才会让人持续深入地去关注，菖蒲文化讲座的意义和目的，就是让民众知道有关菖蒲的历史文化，了解古往今来众多历史名人与菖蒲的故事，让大家对菖蒲产生更多的情感连接。即便“菖蒲热”散去，也会培养出更多的“植蒲人”。从而将优秀的传统文化继续传承下去。

做菖蒲文化讲座的时候，不需要太拘谨，也不用太“阳春白雪”，通过一个个名人雅士故事、一段段历史，配合有奖问答，让大家觉得别开生面、活泼有趣，与会者自然会更有参与感。

菖蒲文化讲座方案

长的两千年，走进当代我们的生活，懂得菖蒲是老祖宗留给我们的，重要的物质文化遗产以及非物质文化遗产。

讲座时长：1小时。

物料准备：电脑、展示用的菖蒲、互动奖品（菖蒲）。

场地布置：根据参与人数和场地实况，讲座现场布置的形式可分为相对式、全围式、半围式和分散式。如果人数较多，场地够大，可以布置为相对式，就是主席台和代表席采取上下面对面的形式。如果考虑与现场的互动和距离感，也可以布置为全围式和半围式，便于参与者畅所欲言，充分交流。场地还可以布置得更为灵活，比如分散式（岛型），每一个小岛中心展示一盆菖蒲，参与人员组成一个个小组。场地需要事先连接及调试电脑、投影仪及幕布。

广州白云山菖蒲文化讲座

白云山风景区管理局于2012年开始恢复郑仙诞活动，郑仙即先秦方士郑安期，他曾在广州白云山一带行医卖药，传说某年瘟疫流行，为了拯救民众，他在山上采仙草九节菖蒲时失足坠崖，驾鹤成仙。出于对郑安期的感激和敬仰，人们在其飞升处建了“郑仙洞”，又以飞升之日为“郑仙诞”，在农历七月二十五日登山拜祭，同时采集菖蒲，洞中沐浴，祈求身体强健，这些活动逐步演化成广州地区的一个重要民俗。

晋朝嵇含的《南方草木状·卷上》记载：“**番禺东有涧，涧中生昌蒲，皆一寸九节，安期生采服，仙去，但留玉舄焉。**”白云山每年举行的郑仙诞文化周活动丰富多彩，其中有对郑仙采蒲治病大爱精神的颂扬，也有对菖蒲悠久文化的推广，无论是菖蒲展览还是菖蒲文化讲座，都吸引了近百万名中外游客观看参与。

菖蒲诗韵

与信道游涧边

（宋·陈与义）

斜阳照乱石，颠崖下双筇。
试从绝壑底，仰视最奇峰。
回碕发涧怒，高霭生树容。
半岩菖蒲根，翠葆森伏龙。
岂无游世上，于此傥相逢。
客心忽悄怆，归路迷行踪。

4.蒲香手工活动

劳动不仅创造了美的自然界，美的生活和艺术，而且创造出懂得艺术和能够欣赏美的大众。手工制作，从动手制作到不断修改和完善的全过程，充满了创造精神；在某种意义上说，就是一个欣赏美、鉴别美、创造美的过程。

某个午后，一群喜欢菖蒲或香道文化的人，在悠扬的音乐中，利用石菖蒲粉，手工制作香囊、香牌、线香、香篆，大家一起动手，静心创作天然安全的蒲香作品，想必参与者都能获益匪浅。

蒲香手工活动方案

蒲香手工活动内容：准备制香相关材料，开展菖蒲手工制香活动。因为时间关系，可以选择两两搭配的方式，活动方案分为AB两款。A先做香囊，再做香牌。B先打香篆，再制线香。选定方案之后，按照前面所述制作流程，带领活动参与者完成手工制作内容。所有作品都可以自行带走，留作活动纪念。

活动时长：2小时。

物料准备：制香相关材料（工具）、菖蒲盆景、桌椅、背景音乐。

场地布置：可将条桌组成一张大长桌，参与者围合而坐。制香相关材料、工具，布置在长桌中间，方便大家取用。菖蒲盆景装饰其中。

蒲香手工也可设计为亲子手工活动，父母与子女一起，完成有趣有益的制香工艺，创作属于家庭的作品。更为重要的是，在过程中，孩子跟随家长们，学到了为完成一件事情如何去做准备，学会形象思维和逻辑思维的交融，培养认真、细致、负责的品性。

5.文化艺术联展

文化艺术联展的目的是展示、宣传，通过组合菖蒲及书画，或者茶道与菖蒲，再或者是古琴、菖蒲结合香道，艺术联展可以在一次展览中体现丰富的文化元素，便于广大民众参与体验。即便是一家人各有所好，也可以结伴而来，各取所需、满意而归。

通过公开陈列艺术作品、菖蒲盆景以及闻香识道等活动，文化艺术联展可以给参观者视觉、听觉甚至味觉的享受。文化艺术联展是一种特殊的传播媒介，虽是不同行业的合作展示，无论是跨界组合，还是传统文化范畴的行业组合，策划成功的联展都是参展作品与参观者之间的桥梁。特别是基于各类传统文化的艺术联展，气韵一致、触类旁通，是一种优雅、高品位的享受。

（1）字画菖蒲艺术联展方案

活动内容：在活动场地悬挂名家书画，条桌摆放菖蒲盆景，现场进行展示及讲解，帮助大家更好地解读艺术品和菖蒲。也可以策划菖蒲字画专题展览，全部选择以菖蒲为题材创作的字画，同时展示菖蒲盆景，相映成趣，让民众欣赏到艺术家笔下的菖蒲，感受文人墨客对菖蒲文化的解读。

字画及菖蒲数量：字画通常20幅左右，菖蒲30盆左右。

活动时长：1～2小时。

物料准备：字画（挂钩、钢丝绳）、菖蒲盆景（几案）、笔墨纸砚毡布、条桌、桌布、运输装具及工具、水壶、背景音乐。

（2）品茶赏蒲文化联展方案

自三千多年前有文字记载开始，我们的祖先开始栽培和利用茶树；两千多年前有史书纪录，菖蒲已经为先民关注并食用。一千多年前王褒、陆羽为茶著书立说，一千多年前苏轼、陆游对蒲吟诗作赋。同在植物界的茶与蒲，各自默默坚守与繁衍，生生不息。

沏茶、赏茶、闻茶、饮茶，学习礼法，领略传统美德；植蒲、赏蒲、静观、食蒲，淡泊心境，感受乐道安命、坚韧有节的中国精神。品茶赏蒲，让两个古老的灵魂在茶席相遇，共同诠释道法自然，返朴归真。

活动内容：现场展示各类茶叶（茶饼）和菖蒲，进行茶艺表演，展示菖蒲盆景，在独特的意境中，品味茶香与蒲雅。

活动时长：2小时左右。

物料准备：茶叶、菖蒲、泡茶工具、条桌、桌布、椅子、背景音乐。

场地布置：根据场地大小，活动现场可以将条桌组成半围式，设计合理的参观动线，将各类茶叶（茶饼）艺术性地码放，菖蒲间隔布置其间，高低错落有致。

（3）琴香蒲韵文化联展方案

“大音希声”“至乐无乐”，古琴音之低缓悠远、缥缈入无，令抚琴听琴进入“无声之乐”的意境，体验到“希声”“至静之极”的境界，体验到虚静的、通乎天地万物的境界，乃是一种天人相和、无言而心悦、超乎乐声感受之上的精神境界。

抚琴之时，不可以无香。香，在馨悦之中调动心智的灵性，而又净化心灵；于有形无形之间调息、通鼻、开窍、调和身心；香，既能悠然于书斋琴房，开发心智；又可安神定志，既能在静室闭观默照，又能于席间怡情助兴。香的种种无穷妙用，使其融入了人们的日常生活中。

菖蒲先百草于寒冬刚尽时觉醒，菖蒲“不假日色，不资寸土”“耐苦寒，安淡泊”，生野外则生机盎然，于厅堂之中则亭亭玉立，自古以来就深得人们的喜爱。

琴、香、蒲，皆为自然造化之美，皆为静观沉思、颐养身心的妙物，都体现人类热爱自然的积极情趣，表明了人类安逸从容的生活态度。三者组合联展，其意境可想而知，香烟袅袅中赏蒲景，叶叶翠绿中闻琴音。

活动内容：在悠远的古琴声中，香道师开始进行香篆打制活动，颇具仪式感的香篆流程，既是优秀传统文化的展示，更是美的享受。引导参与者渐渐进入雅致的活动氛围。琴香蒲韵文化联展活动除了借助古

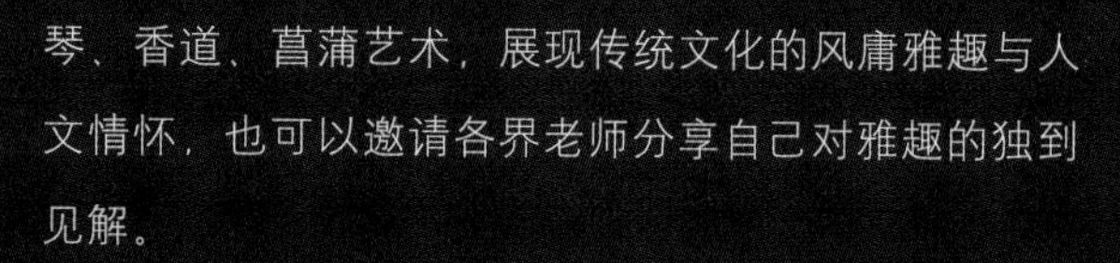

琴、香道、菖蒲艺术，展现传统文化的风庸雅趣与人文情怀，也可以邀请各界老师分享自己对雅趣的独到见解。

活动时长：1～2小时。

物料准备：古琴(含琴案、琴凳)，香粉（含香篆打制工具）、线香（含香炉、香插）、菖蒲（含几案）、条桌、桌布、椅子。

场地布置：活动现场将条桌摆放成长方形全围式，一条桌置于主席台前作为香案，上面依次摆放香篆工具、香炉、菖蒲。琴案安放在香案侧面，古琴尾可放置菖蒲一盆。菖蒲间隔布置在其余条桌，高低错落有致即可。

后记

中国先民崇拜菖蒲，将其视为神草。正由于菖蒲的独特气质，种植观赏以及修身养性两相宜，数千年来，菖蒲文化生生不息、流传至今。

漫漫两千年，菖蒲一路走来，从药房到书房，从书案到茶席，直到今天走进千家万户。当今世人经历了追名逐利、身心疲惫之后，又回过头来重新寻找心灵的慰藉，重新审视几千年的传统文化，重新追根溯源、寻找捡拾遗失的美好。而菖蒲，是老祖宗留给我们的重要的非物质文化遗产，当下的流行，不过是回归，不过是一种优秀传统文化的复兴而已。

菖蒲之雅在于它飘逸清秀的外形、安静朴素的气质，既可山水间欣赏，也可作案头静观，可为之挥毫泼墨，吟诗作赋，还可沉思悟道、莳养身心。菖蒲之趣在于种植过程中的搭景养护，手工制作时的蒲香四溢；在于蒲友相逢时的默契认同，文化交流活动中的会心一笑；在于凝视专注、物我两忘时的无限妙趣。

菖蒲，小草一棵而已，但绝非“草草了事”。

薄暮欲归仍伫立，菖蒲风起水泱泱。莳蒲养心，乐在其中。

朱长虹

2021年02月08日于草沐堂